设计心理学

头脑和身体
都懂的设计

[日] 杉崎真之助 著

郭薇 译

U0178360

电子工业出版社·
Publishing House of Electronics Industry
北京·BEIJING

Originally published in Japan by PIE International
Under the title アタマとカラダでわかるデザイン
（Atama to Karada de Wakaru Design）
© 2019 Shinnoske Sugisaki / PIE International ㏚ **PIE International**
Original Japanese Edition Creative Staff:
著者 杉崎真之助
デザイン・翻訳監修 王 怡琴
編集 松村大輔

版权贸易合同登记号　图字：01-2022-7059

图书在版编目（CIP）数据

设计心理学：头脑和身体都懂的设计 /（日）杉崎真之助著；郭薇译. -- 北京：电子工业
出版社,2023.3
ISBN 978-7-121-44749-5

Ⅰ. ①设… Ⅱ. ①杉… ②郭… Ⅲ. ①产品设计－应用心理学 Ⅳ. ①TB472-05

中国版本图书馆CIP数据核字(2022)第243579号

责任编辑：陈晓婕　特约编辑：马　鑫
印　　刷：北京缤索印刷有限公司
装　　订：北京缤索印刷有限公司
出版发行：电子工业出版社
　　　　　北京市海淀区万寿路173信箱　　邮编：100036
开　　本：880×1230　1/32　印张：7.5　字数：360千字
版　　次：2023年3月第1版
印　　次：2023年9月第2次印刷
定　　价：89.90元

凡所购买电子工业出版社图书有缺损问题，请向购买书店调换。若书店售缺，请
与本社发行部联系，联系及邮购电话：（010）88254888，88258888。
质量投诉请发邮件至 zlts@phei.com.cn，盗版侵权举报请发邮件至dbqq@phei.
com.cn。
本书咨询联系方式：（010）88254161～88254167转1897。

前言

大家看到这本书的书名，是否会好奇地问，究竟什么是"头脑和身体都懂的设计"？我们身边充满了设计，但是，大家在平面设计上能看到的，可能只是设计的"表面"，还有很多内容隐藏在"表面"之下。那么，究竟什么是平面设计呢？要想真正理解平面设计的内涵，就要从分析平面设计最核心的部分——表现机制开始。

平面设计通过不同的表现形式和有冲击力的视觉语言，向我们传达了各种各样的信息。这些表现形式和语言正是平面设计的魅力所在。了解这两者，能更好地参悟平面设计的原理。也就是说，将这两者完美结合，才是我们最终看到的设计作品——通过双眼"看"到的形式；通过嘴巴"读"出设计师想要表达的内涵。本书的内容以简练的文字和视觉表现的形式呈现。大家可以按照目录的顺序依次阅读，也可以直接跳到感兴趣的部分开始阅读。

哪怕你只了解一个设计诀窍，你的设计思路也会因此而拓宽。希望你在读完这本书后，能用"头脑"来把握设计的思路，用"身体"来理解设计的呈现方式，并设计出更多更好的作品。

形状的主体

设计始于人的身体感觉，能够向人传达想象力。

从设计的基本元素——点、线、面开始，获得设计灵感。

形状的结构

视角的观察方法

打破大小限制的设计。

科学地寻找直通人心的设计灵感。

设计的科学

组合文字的结构

把文字组合起来，让它们替你表达信息。

从语句开始设计，用字体和文字说话。

语言和字体

创意与过程

创意和设计稿的制作大幅拓宽了表现形式。

通过不同的制作方法和思路，表现各种各样的答案。

设计的学习

契机与发现

从兴趣和日常的视角中，找到设计的灵感。

有意识地发现设计的诀窍。

工作的本质

想了解更多的信息…■

想提示的信息…◆

目录

1

形状和
身体

形状的主体
形状的结构

大脑"看见"的设计

平面设计由点和线组成的造型或文字构成。我们的大脑可以通过微量信息，发挥巨大的想象力。设计可以被大脑充分感知。

形状和身体

一条线

这是一条直线。如果加上人的图案，这条线就变成了地平线；如果再加上云的图案，这条线看起来就像广袤的平原。仅凭一条简单的水平线，就能让人产生无限的联想。

水平线

在水平线的上下分别添上天空和大海，抽象的图形在脑海中就变得具体多了。通过简单的图形和文字，和我们的想象力进行交流。

天　空

大　海

形状和身体

站在地球上

我们所在的地球有吸引力，在其作用下，我们的身体会自然而然地认为"上为天，下为地"。我们的身体在站立时会保持平衡和直立。大家试着向两侧伸出手臂，可以以身体为轴，感受一下左右。

设计与人的身体感觉紧密相连。让我们从"天和地""左和右"入手，来思考平面设计的结构。

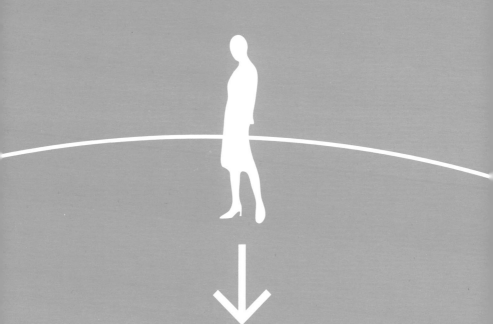

形状和身体

天和地、左和右

平面设计作品通常通过绘制辅助线开始。辅助线把整个矩形画面以水平、垂直两个方向分割。在设计稿的绘制阶段，最初确定下来的就是天和地、左和右的尺寸。水平、垂直及其交点直接关系到平面设计的基本感觉。

◆ **辅助线**：从画面中引出水平和垂直的辅助线，可以作为整个设计画面的基准。通过辅助线，可以对接下来的设计进行合理布局

◆ **重心**：一般来说，设计师会把重心设置在比实际的中心点稍高的地方，这样的画面看上去更具有平衡感

天

左   右

地

形状和身体

水平、垂直、安心感

水平和垂直方向的画面能给人很安心的感觉。我们身边的设计几乎都是由水平和垂直的结构构成的。

倾斜与不安

相反，倾斜的设计往往会让人感到不安，但能充分唤起人们的注意力。
这类设计能让身体感觉到重力，进而造成心理和行动上的动摇。

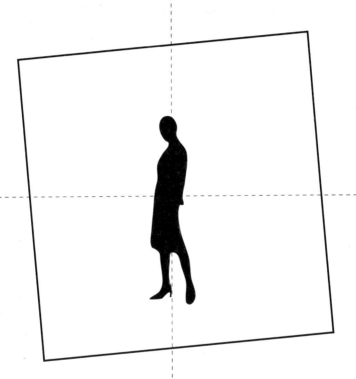

形状和身体

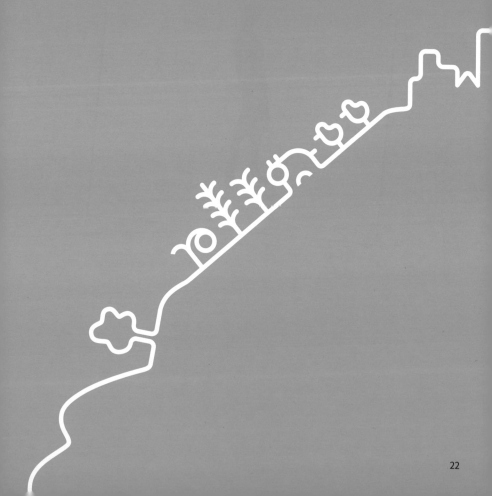

形状影响身体的感觉

我们被人为制造的直线和正方形包围着，已经习以为常。将不同形状运用到设计中，会给我们的身体带来不一样的感受。

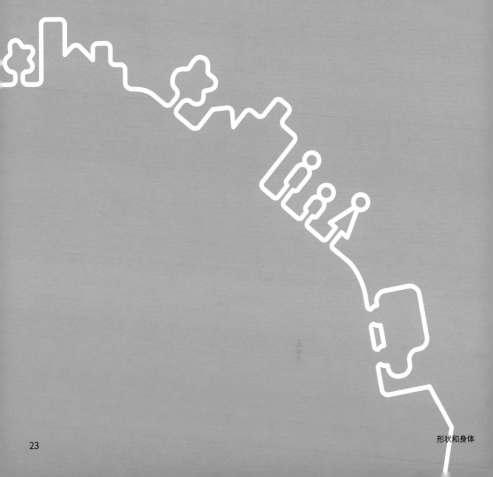

形状和身体

设计的原型

导演斯坦利·库布里克在影片《2001太空漫游》的一开始，展示了原始荒原上出现了一块拥有完美比例的长方体黑石碑——Monolith，看到它的猿人忍不住雀跃欢呼。如果说黑石碑象征着人工制品和文明，那么它也许可以被看成设计的原型。完美的几何体与原始的大自然景观形成了鲜明对比。

■《2001太空漫游》(2001: *A Space Odyssey*)：斯坦利·库布里克执导的科幻影片，上映于1968年，讲述了由黑石碑引起的时空穿越的故事

■ Monolith：在英语中，Monolith 本身就有"单块巨石"的含义。在电影《2001太空漫游》中，这块叫作 Monolith 的黑石碑各边的比例为 1∶4∶9。整数的比例似乎暗示着它是由有意识的生物创造的

形状和身体

设计的起源

设计是人根据头脑中的灵感创作出来的东西。在史前时代，人们将得到的贝壳和棒子作为工具。后来，将它们的具体功能抽离，简化成更加抽象的造型，这就是设计的起源。

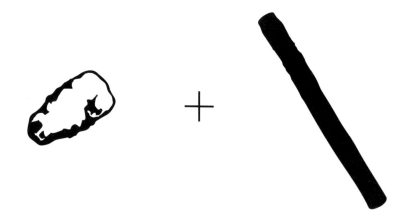

圆形的起源

人类善于从自然界发现不同的形状，圆形也不例外。

几千年前，人们把家畜拴在树上，留意到家畜会将其所在范围内的草全部吃光。或许，当时的人们就是从地上被家畜吃过的痕迹中发现了圆形。照此推理，也许对折后的树叶的折痕就是直线的起源。由此可见，圆形是人类把身边事物高度概况化形成的图形。

形状和身体

点、线、面

想要创作好的平面设计作品，首先要了解形状是如何构成的，即设计的原理。

形状可以被分解成点、线、面。一切好的作品，几乎都来自这三个元素。熟练运用它们，才能晋级到更高的设计层次，领悟平面设计的真正内涵。

■ **点、线、面**：画家和美术理论家瓦西里·康定斯基提炼出的形状的基本要素。他
  执教的德国包豪斯设计学院成立于1919年，是一所以美术、工艺、建筑为教学
  内容的学校，被称为"现代设计的摇篮"
◆ **形状的原理基础设计**：通过最基本的图形形成的设计

点，表示的是点的位置，和点的大小无关。我们可以为了看清这个点，把它变大，变成一个圆点。放在数学的概念中思考，假设一个没有长度和面积的形状为 0，那么点就和 1 差不多。

线是移动的点的轨迹，线本身没有宽度。为了看起来更加明显，我们有时候会选择把线加粗。线也可以认为是有长度的点。直线是一直移动且向前延伸的点，而线段是被截取的直线，有自己的两个端点。

◆ **点、线、面**：在 Adobe Illustrator（简称 AI）中，点是"锚点"；线是"路径"；面则是"图形"

形状和身体

面是由线横向或纵向展开形成的图形，表示二维的面积，也可以单纯地把线加粗，形成一个平面。

正方形和正圆形、正三角形一样，都是展开形状和比例非常有规律的最基本图形。正方形的四条边的长度和四个角的角度都相等。

形状和身体

旋转的线

线根据角度的不同，传递给人的感觉也会发生变化。水平线让人觉得稳定，垂直线传递坚实的信息，而斜线能传递动感。

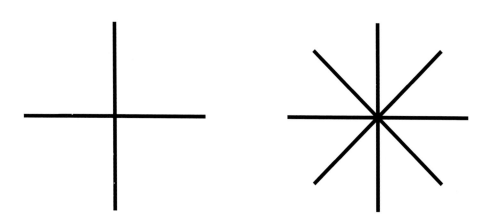

线段绕着中点旋转后再重叠，会出现一个放射状图形。这个图形无限重叠后，其轮廓会变成一个圆形。

形状和身体

线、角度、三角形

线、旋转和角度，正方形、对角线和三角形，它们都有着密切的关系。
对于平面设计来说，基础中的基础就是四则运算与几何学基础的结合。

◆ **四则运算**：通过数值的运算，得出需要数值的运算法则，包括加法、减法、乘法
和除法四种，还涉及分数、倍数、大小、角度等数学知识

◆ **几何学基础**：要想设计出好作品，应该复习以下内容

○ **勾股定理**：直角三角形的两条直角边的平方和等于斜边的平方

○ **三角函数**：研究三角形角的大小和线段长度的函数，包括正弦函数、余弦函数和
正切函数

将360°平分成8份，每份是45°。直角是90°，垂直线的角度是180°。

360° 0°

45°

270°

90°

180°

形状和身体

将360°平分成12份，每份是30°。能够直观看出60°、90°和180°的大小。

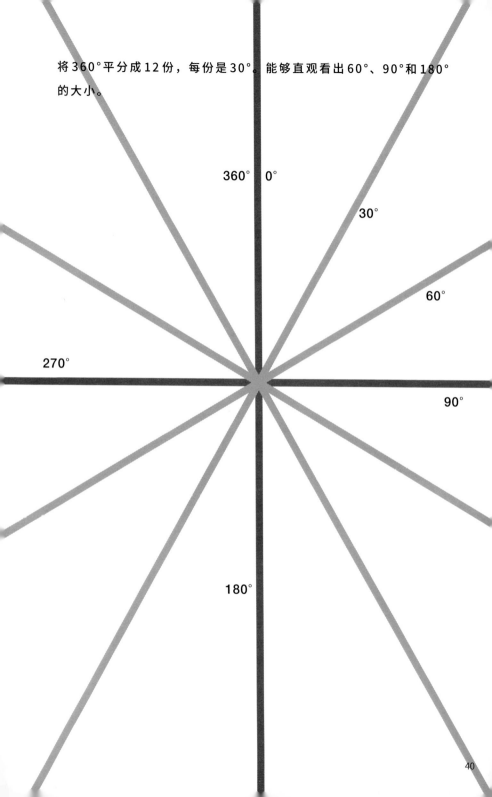

360°　0°

30°

60°

270°

90°

180°

360°的世界

从方位测量到时间计算，角度的身影无处不在。

时针每小时旋转30°。每12小时，时针会转一圈回到原点。每60分钟，分针会转一圈。地球每小时自转15°，24小时自转360°。东、西、南、北四个方向，相邻的两个方向间隔90°。如果将每个方向一分为二，则可以用来表示西北、东北这类的方向。是不是很神奇？

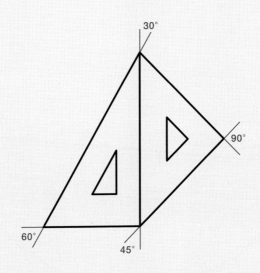

- ■ **360°**：可以被2、3、5及其倍数整除的角度
- ■ **常用角度**：30°、45°、60°、90°
- ◆ **三角板的角度**：可以从三角板上直观地感受到常用角度的大小。尽管都有一个直角，等边直角三角板和普通的直角三角板的角度大不相同
- ◆ 通过旋转变换常用角度或者使其成倍数增加，可以进行数字和角度运算

由点围成的圆

"圆"是指离开中心旋转的点的轨迹，由一个圆心和圆周组成。圆是没有棱角，且不能再简单的图形。将圆心与圆的半径相连，旋转一圈，可以形成一个圆形的平面。

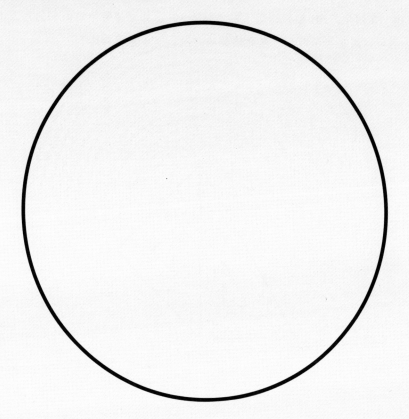

同心圆

同心圆拥有同一个圆心，且每个同心圆的半径不同。像水波纹一样，同心圆可以表现从中心向外扩展。由此，圆形可以衍生出各种各样的变化。

◆ 圆与正三角形、正方形、正多边形等形状拥有共同的中心，可以得到各种各样的有趣图案

形状和身体

从圆到摩尔条纹

把两个同心圆错开一点儿距离，会形成摩尔条纹。平行线和格子图案等这类规则的连续图案，都是由平行线旋转固定的角度得到的图案，统称为"摩尔条纹"。

◆ **摩尔条纹**：指栅栏状条纹重叠所产生的干涉影像

从圆到螺旋

把固定间隔的同心圆切为两半且相互错开，变形后可以得到一个螺旋图案，这类图案可以表现从中心向外的延伸。

■ **螺旋线 / 旋涡线**：指逐渐远离中心点的轨迹

○ **阿基米德螺旋线**：一个点匀速离开一个固定点的同时，又以固定的角速度绕该固定点转动而产生的轨迹，很像卷着的绳子

○ **等角螺旋**：从螺旋的中心以一定的角度远离的点的轨迹，给人一种一边旋转一边向外发散的感觉

形状和身体

黄金、白银、青铜比例

比例可以被运用到设计中，创造一种既美观又具有科学性的设计。

从研究四边形的基础——正方形中，设计师们发现了"贵金属比例"，即黄金比例、白银比例和青铜比例。

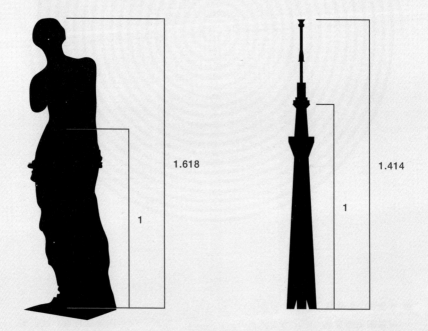

■ **米罗的维纳斯**：身高和肚脐到脚的高度之比符合黄金比例
■ **东京天空树**：塔高和第二瞭望塔的高度之比符合白银比例

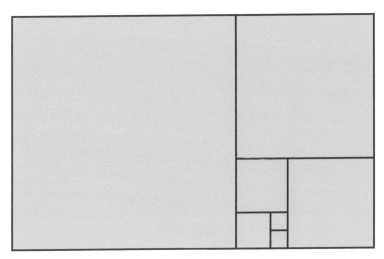

黄金比例

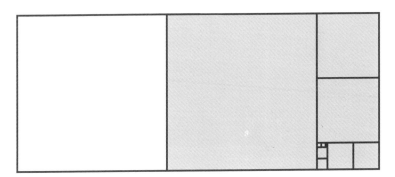

白银比例

青铜比例

形状和身体

黄金比例的长方形

黄金比例可以从正方形边长的一半开始，再以对角线的长度反复展开得出。本质上是一个正方形无限展开。

作为最美的比例，黄金比例被广泛使用于建筑设计、西方绘画和品牌的 Logo 设计。据说，古埃及的大金字塔、达·芬奇的名画《蒙娜丽莎》、苹果公司的 Logo 都符合黄金比例。

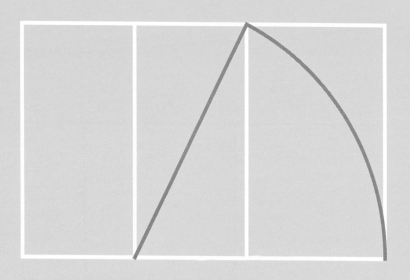

■ **黄金比例**：1∶(1+ √5)/2，即 5∶8，1.618……
  黄金比例在数学中也被称为"斐波那契数列"，即数列中的任何数字除以下一个数字，答案将趋向于0.618

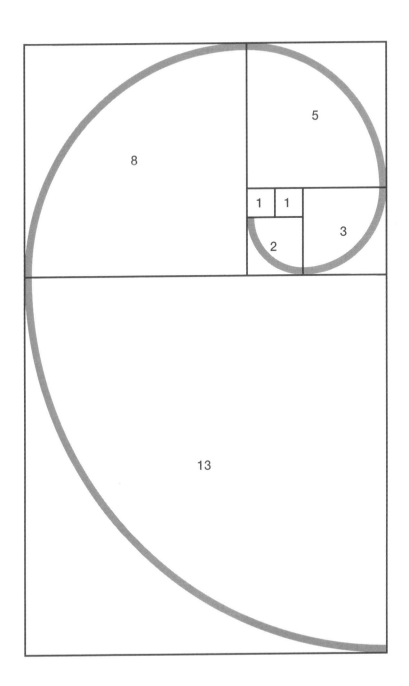

折叠，折叠，再折叠的矩形

白银比例可以通过正方形对角线的长度（$\sqrt{2}$）作为矩形长边得出。即使两个正方形无限展开，也符合这个比例。符合白银比例的矩形被称为"平方根矩形"。无论将其对折几次，这个比例仍不会发生改变。生活中，A4 纸和 B5 笔记本的长宽比例也符合白银比例。另外，在日本，白银比例也被用于历史建筑物的设计中。

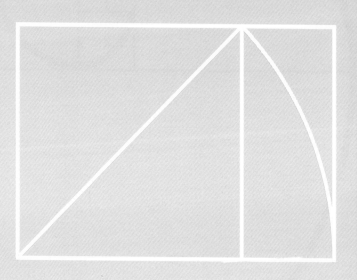

- ■ **白银比例**：符合该比例的有平方根矩形。白银比例是 $1:\sqrt{2}$，约等于 $5:7$，即 1.414。再加上一个正方形，可以形成另一个版本的白银比例，即 $2:\sqrt{2}$
- ■ **纸的尺寸**：在日本，主要使用国际标准"A"和"B"。通常书本使用的是国际标准 A4（210mm×297mm）尺寸，A0 的面积恰好等于 $1m^2$ 正方形的白银比例得出的长方形面积。日本独有的 JIS 标准 B 系列中的 B1（728mm×1030mm）经常被用作海报的尺寸

A1

A2

A4

A3

A6

A5

总结 | 平面设计的诀窍

身体的感觉与设计形状的原理

形状的主体

人运用大脑的想象力,可以感受到不同3的形状。
设计与身体感觉紧密结合,出发点来自重力和身体的感觉。
形状被人发现,成为设计的原型。

- 大脑也能看见设计作品
- 从地球的吸引力和身体感觉开始着手设计
- 从天地、左右和水平、垂直开始设计图形
- 水平、垂直可以带来安全、稳定的感觉
- 人从生活中发现设计,从自然界中发现图形

形状的结构

通过了解形状的结构,用设计原理理解形状,能更好地帮助我们进行合理的设计。

- 形状的基本要素是点、线和面
- 连续的点形成了线;多条线相连可以形成面
- 线可以进行旋转和按照特定角度倾斜。角度和三角形
- 360°。角度是一种单位
- 以一个点为中心,旋转一圈的轨迹就是圆。同心圆和摩尔条纹
- 试着用黄金比例等固定比例来观察正方形和长方形

2

看见设计

视角的观察方法
设计的科学

用想象力传达想法

平面设计就是利用设计来相互交流的。人们可以利用想象力，充分展现所思所想，这样设计的作品会更有表现力。人们主观的看法和设计运用的表现方式紧密相连。

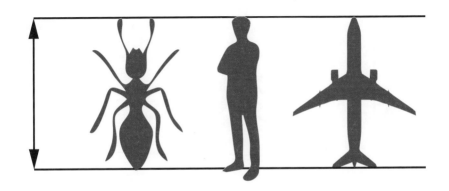

与 想 象 力 合 作

好的设计作品能够充分唤起我们的想象力。设计的目的就是把所有的
事物都可视化，转化为看得见的形状。为此，设计需要运用到平面、
立体、几何学的相关知识。

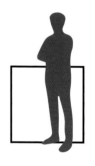

■ **缩放**：从实际尺寸2倍的蚂蚁，只有1/5大小的青蛙、1/50大小的人，小到
1/500甚至1/5000。蚂蚁被缩小到原始大小的50%，人的尺寸被放大50倍

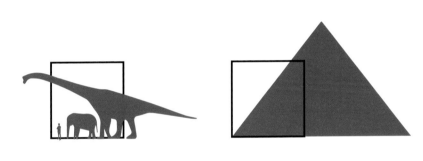

大即是小

物体的大小分为三种——视觉大小、想象中的大小和实际大小。物体的大小和边框的关系是相对的。当物体的尺寸变小，边框就会相应变大，整体图像给人的感觉也会随之改变。

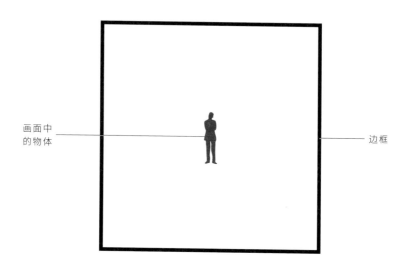

画面中
的物体

边框

■ **裁剪**：把照片等的一部分裁下来

◆ 随着画面中目标对象的大小、位置和整体与部分的关系发生变化，就会给人带来完全不同的感觉。画面在水平或垂直方向上的整体调整，也会产生这种作用

◆ **对象和画面边框的关系**：适用于平面设计，也可以应用在与文字相关的排版等各种各样的场景

边框大小固定不变，画面中的目标对象进行缩放。

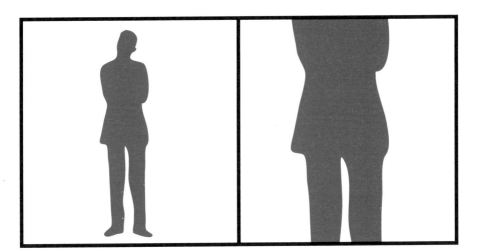

看见设计

画面中的目标对象的大小固定不变，边框进行缩放。

◆ **缩放**：根据设计目的的不同，画面中的对象和边框可以分别进行缩小或放大。要是缩放后感觉不适合，也可以调整回原来的尺寸

◆ **熟练使用分数**：一般来说，缩小用分数表示，放大用倍数表示。如此计数有助于我们更加简洁、合理地工作

  ○ 10％＝1/10   10倍＝1000％

  ○ 25％＝1/4   4倍＝400％

  ○ 50％＝1/2   2倍＝200％

不受尺寸限制的平面图形

2D

人们除了能够用双眼观察物体的差异，还可以从影子、背景等各种各样的信息中感知"立体"。

照片和电影呈现的画面都是平面的，但是大脑的想象力能够让平面变得立体。

在平面上，即使已经明确地表示出物体的大小，大脑的想象力也会发挥作用，加入自己的判断。例如，即使在纸上看到很小的大象图案，也不会认为这是象的幼崽，这说明大脑正在想象着大象的实际尺寸。

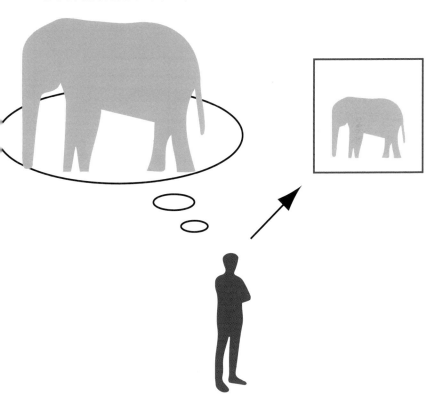

反过来说，在大脑中处理过的"立体"图像的大小，往往不会影响平面视觉。这代表着，即便大脑对立体的信息有着强烈的感知能力，但是在读图的过程中，并不能对图像的尺寸产生实际作用。例如，在一块较小的屏幕上，出现一个很小的大象图案，即使我们在大脑中能想象到大象庞大的身躯，但是在屏幕上，我们只会把这个图案看作一个缩小的大象，一切并不会改变。

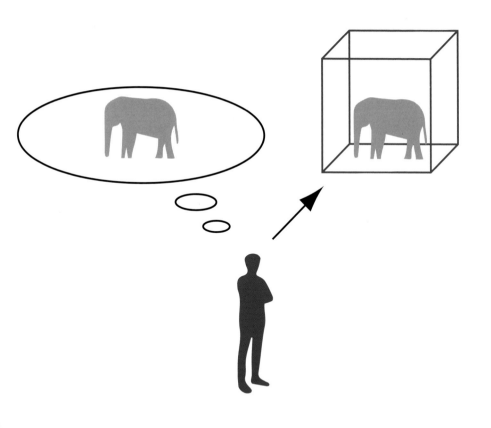

展现实际尺寸的立体图形

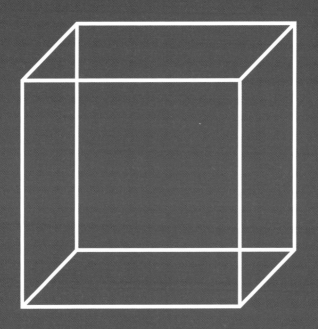

3D

图形空间

平面图像超越维度，就形成了图形空间。平面图像在传递信息时利用想象力，可以将平面和立体的空间与深度，从大小的限制中充分解放出来。

看见设计

多视点的人，单一视点的相机

试着用视点来捕捉图形空间吧。人类通过多视点，客观地感知空间。相机是单一视点，套用在人身上，就是把人的各种知觉限定为单一的视角。

人的眼睛不像相机那样，可以直接把图像映在视网膜上。人总是一边轻微移动着视点，一边观察着物体。映入眼帘的图像在感知周围空间的一系列信息后，在大脑中加工。

- **为了降低拍摄时的不协调感**，现在的智能手机通常使用比人的视角更大的广角镜头
  人在观察事物时，总是多视点地感知物体的形状和周围环境，这就导致我们总觉得想要拍摄的物体和相机拍摄到的照片不太一样
- **视觉的恒常性**：大脑会自动调整看到的物体大小和形状。即使桌子上的长方形纸经过透视，看起来像梯形或者看到远处的手，也不会影响我们对其形状和大小的判断

主观的单一视点

在平面设计中，有各种各样的方式可以表现远处的风景。

透视法具体表现为通过相机镜头拍摄的图像，从一个定点作为单一视点的主观表现方式。

投影法也被称为"中心投影"等。虽然看起来像照片一样真实，但由于视点被强制限定为一个，所以也有其局限性。

中心投影法

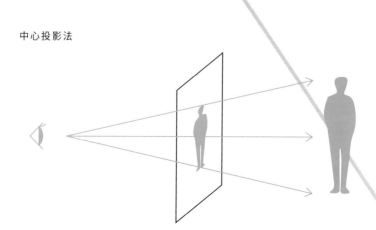

看见设计

客观的平行视点

在投影法中，有一种叫作"平行投影法"，它像是一个超远摄镜头，称得上是来自宇宙深处的视点。

平行投影法可以引出无穷无尽的平行线，是一种没有固定视点的表现方法，能客观反映物体的大小。

平行投影法

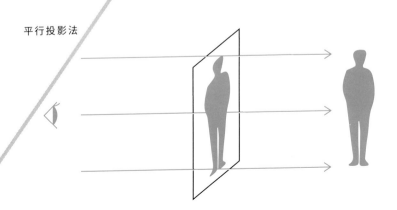

看见设计

透视法（三点透视）

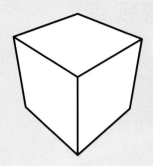

等轴测图

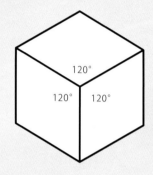

倾斜透视

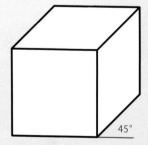

把视觉和想象力结合起来，可以打造成功的图形空间。

- **远近法**：表示立体和深度的方法
- **透视**：如今，透视被赋予了更多含义，如看待事物、眺望远处、阐述个人观点等
- **透视法**：被广泛用于西洋绘画到最新的数字图像，可以客观、真实地表现物体。最先使用透视法的人是意大利画家达·芬奇。透视法也被称为"中心投影法"或"透视投影法"
- **平行投影**：在立体和建筑设计中经常见到，能够忠实地表现图形
- ○ **等轴测图**：等轴测图形中的三个主轴之间的三个角度都是120°
- ○ **倾斜透视**：倾斜投影的一种，倾斜角为45°

图形的远近感

到这里，向大家介绍了各种符合我们视觉和空间感觉的平面设计表现方法。

- **不受透视图法束缚的空间表现**
- ○ **鸟瞰图和全景**：从天空向下看的视角
- ○ **卷轴**：用卷轴来表现距离和时间的远近，如《鸟兽人物戏画》和初期的《超级马里奥兄弟》等
- ○ **空气远近法**：近处清晰，远处渐渐变模糊，多用于水墨画
- ○ **多视点**：把很多视点和画面合成一个，多用于立体主义的绘画

视觉的语言

平面设计师可以采用科学的方法,如数学、图形、认知科学等,找到启发设计的思路。让我们用一些科学的眼光,探索、感知和制作形状的结构吧。

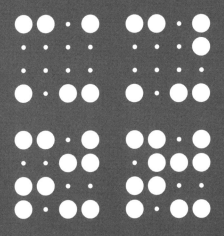

大脑也能"看见"

我们的大脑能够从形状中找出规律和要素。从这些规律中，重要的特征被相互关联起来，作为整体的印象被大脑识别。

■ **特征的关联**
- ○ **接近**：近距离的
- ○ **同类**：形状、颜色等相似的东西
- ○ **封闭**：形成闭合的区域
- ○ **连续**：连续的形状或图案
- ○ **关联**：能够一起变化的图形
- ○ **固有经验**：根据过去的经验，关联有内在联系的形状，也被称为"完型原则"或"格式塔组织原则"

◆ 通过将法则应用于设计，可以带来结构设计的创意，也可以发现设计中的问题
- ○ 几种图案之间离得太近
- ○ 同类元素放在一起后，看起来十分清爽，也能更容易找到区别
- ○ 活用连续的设计方法，能让差异更加明显
- ○ 把重要的元素圈起来更加醒目
- ○ 相同的图案和颜色，看起来相同

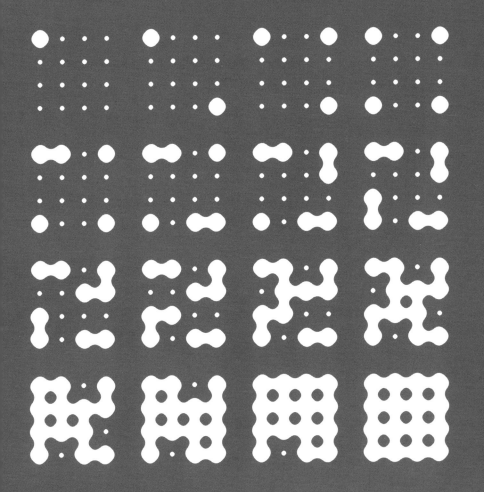

大脑也能"创作"

不规则的形状对大脑有很强的冲击力。一般来说，大脑倾向于在形状上寻找规律性、归纳特征、探索关联。另外，不规则的形状也能够唤起记忆和经验，让我们去思考这些形状看起来像什么。

■ **空想性错视**：从不规则的形状中，寻找至今为止记忆中的东西的心理现象。例如，把天上的云看成笑脸的形状

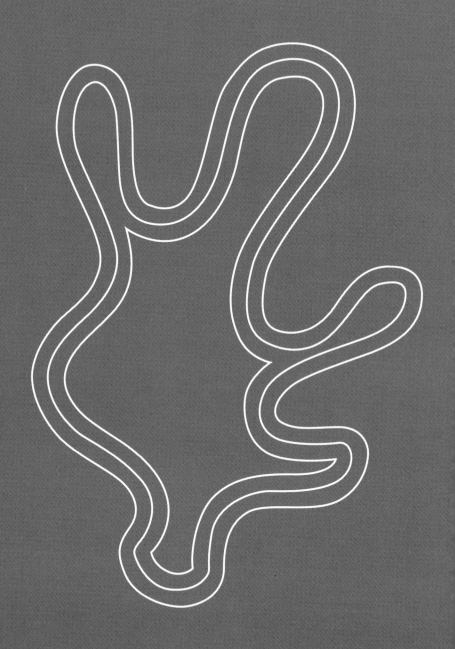

构成脸的三个点

要组成一张脸，至少要有眼睛和嘴。试着用三个椭圆形，组成一张富有情感的脸吧。

如果你要设计机器人的脸，也许可以只画三个简单的点，为想象力留下无穷的空间。

■ **类像效应**：人们看到组成倒三角形的三个点时，就会把这三个点当成人脸
◆ 表情和姿态可以传达感情，它们是"非语言交流"的重要元素

用眼睛"触摸"

立体感和线条、颜色一样，都是重要的设计元素。从微妙的质感变化到扭曲、阴影、光泽等视觉效果，我们会以脑海中的经验为基础，感知事物的立体感和手感。

计算机和智能手机的优秀界面设计（UI），大多是省略了冗余元素的平面设计。然而，如果你仔细观察 UI 画面和图标，也许会不经意地发现一些立体效果。让人无意识地感受到设计也是一种设计效果。

- ■ **界面设计**：对软件的人机交互、操作逻辑、界面美观的整体设计
- ■ **扁平化设计**：省去了不必要的元素的设计
- ■ **拟物化设计**：被制作得与现实世界中的事物非常相似的设计

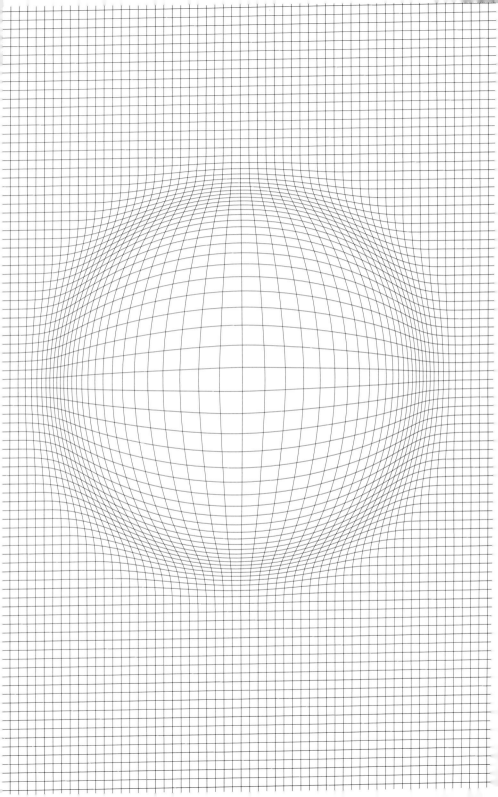

像不像鱼

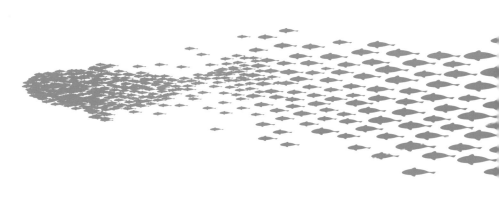

一群小鱼聚集在一起，构成了一条大鱼的形状。这个例子可以说明整体和部分的相关性。

鱼群让我想起了一本叫作《小黑鱼》的绘本书。另外，在埃舍尔的版画中，也用数学的方法展示了整体和部分的关系。

■《小黑鱼》：绘本作家李欧·李奥尼创作的绘本书
■ 莫里茨·科内利斯·埃舍尔：荷兰版画家，其作品中经常运用错觉和数学原理

◆ 科学不仅可以被我们学习，还可以应用在设计中
■ 整体和部分
○ 相似：大小和形状类似
○ 分形：整体和部分有相同形状的构造
■ 视觉表现：关键字有关联性
○ 错觉：大脑在视觉上产生的误解
○ 拓扑：结构相同
○ 类比：相似的关系

看见设计

彩虹是由六种颜色组成的

接下来，我们从光和色的原理出发，简单、系统地理解颜色。

人类在阳光下进化。白纸之所以看起来是白色的，是因为地球上以白昼的光为基准感知颜色的。可见光是紫外线和红外线之间，可见范围内波长的电磁波。光的三原色是红色、蓝色和绿色。这三种颜色的组合，几乎能形成所有的颜色。

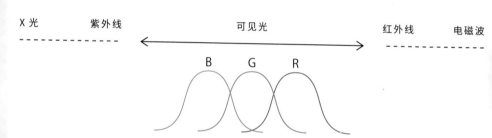

视觉细胞的感知

◆ **色彩语言**：颜色是平面设计中十分重要的元素之一。颜色不仅可以带给人各种感觉，还可以作为视觉上的语言有效地传达各种信息

■ **颜色恒常性**：颜色基准的光源是太阳，但是，即使照明环境发生变化，变色后的白纸也能看到白色，这就是视觉恒常性的体现

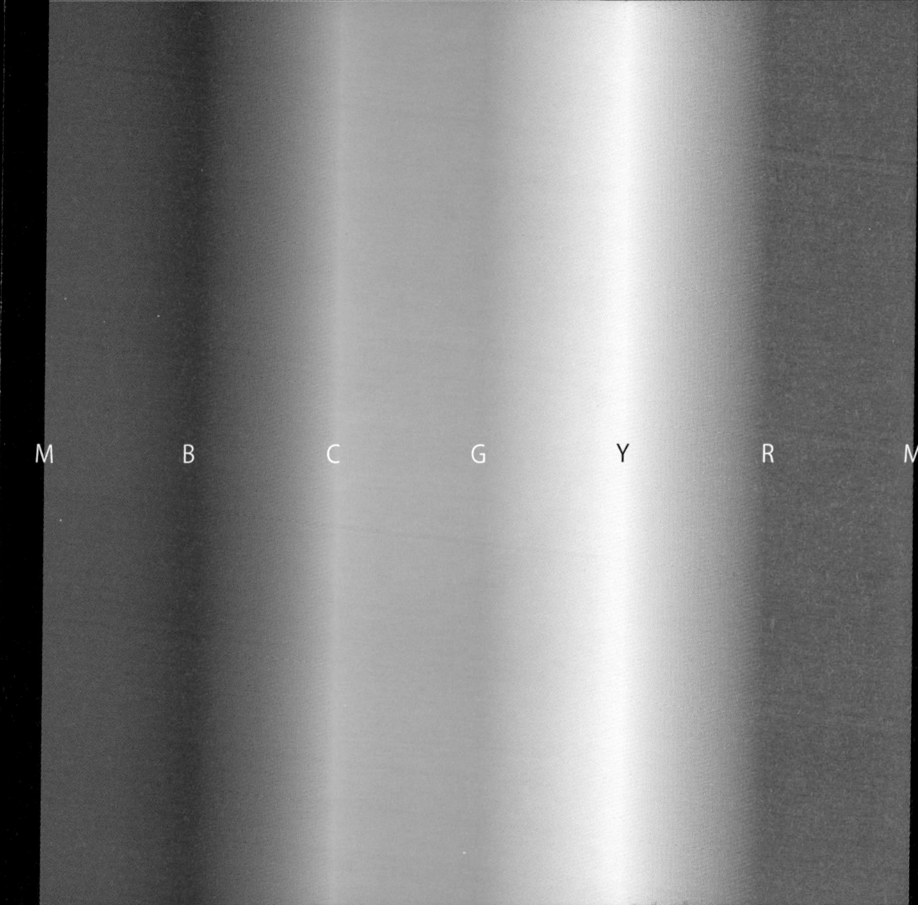
M B C G Y R M

会做加法的光

光的三原色是红色、绿色和蓝色，英文缩写为 R、G、B。电视、计算机屏幕显示颜色的原理就来自光的三原色。三种原色混合在一起，光就会被叠加，变成白色。

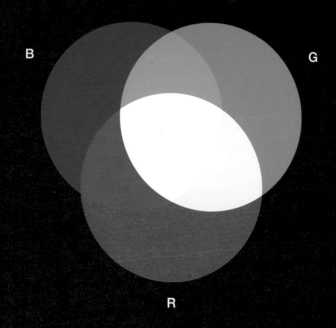

- ■ **光的颜色**：把光的三原色混合，可以得到各种颜色的光
- ■ **RGB 的表示方法**：每种颜色都可以用十六进制的两位数，或者十进制的数来表示，如 16×16＝256。例如，如果想表示红色，那么它的十六进制代码为 FF0000，十进制代码为 R255 G0 B0

会做减法的颜色

在颜料色中，三原色是青色、品红和黄色，英文缩写为 C、M、Y。一般印刷品都使用 CMY 的颜色。我们之所以能够看到颜色，是因为这些照射到物体上的光没有被物质吸收。混合三种原色后，颜色会相减，最终变为黑色。

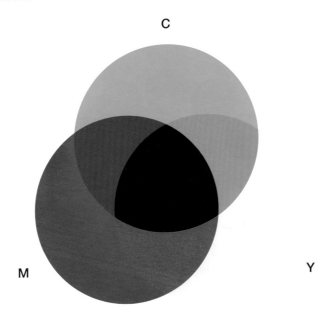

- **反射光**：用减法得到更多颜色
  C 表示除去补色的光的原色 G+B，M 是 R+B，Y 是 R+G
- **CMYK 的表示方式**：不同的颜色用 C、M、Y、K 的百分比表示
  例如，如果想表示浅绿色，则可以用 C50 M0 Y100 K0 表示
- 在彩色印刷中，为了补充 C、M、Y 三原色难以表现的深色部分，增加了定位套版色，也就是黑色

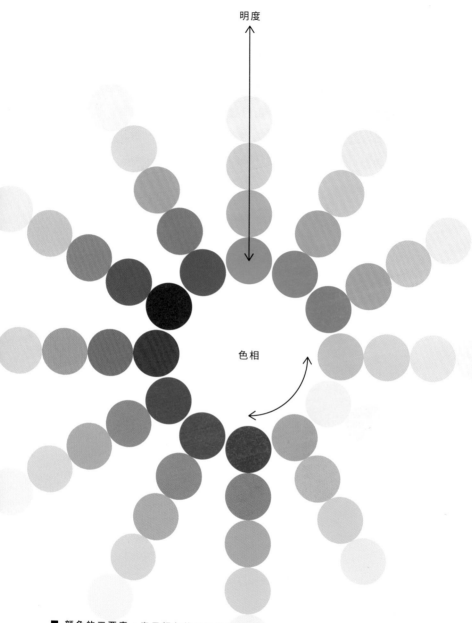

明度

色相

■ **颜色的三要素**：表示颜色的三种性质
○ **色相**：色彩的外观样貌
○ **明度**：色彩的明暗程度
○ **纯度**：色彩的纯净程度
　　色彩也有各种各样的性格

光与颜料的三角关系

光的三原色和颜料的三原色可以形成一个包含六种颜色的色环。

在这个色环中，光和颜料的三原色分别形成两个三角形。光的原色和颜料的原色交替，并按照色相的顺序排列。光的三原色中的任意两种颜色混合，就形成了颜料的原色。颜料的三原色中的任意两种颜色混合，就形成了光的原色。

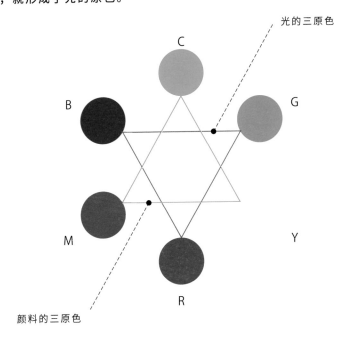

■ **互补色**：色环中相对的颜色

看见设计

不使用地图的世界地图

通过信息可视化，我们可以看到更多东西。

抛开平时使用的地图，只凭视觉化的数值和比率，就可以让我们从不同的视点来看我们赖以生存的地球。

我们可以在下一页看到各个国家和地区的人口，按大陆排列做成的图表。竖线是国家或地区，用文字的大小表示人口。

■ **信息可视化**：将数据或抽象概念等信息进行可视化的过程，这种方法经常用地图、图和表格来展现

◆ 信息可视化的目的有两个。一个是通过信息可视化可以更加详细、准确地传达信息；另一个是大致表现整体的感觉。要使信息可视化，首先要分析数字并整理成表格，然后制作图表，最后根据目的决定表现的方法

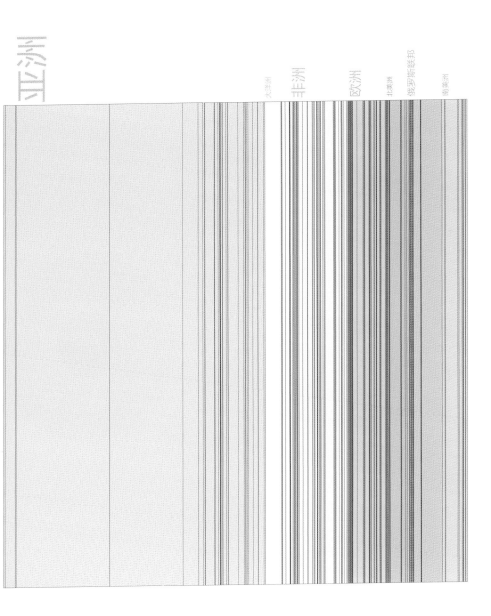

亚洲　大洋洲　非洲　欧洲　北美洲　俄罗斯联邦　南美洲

看见设计

一边品尝美味的咖啡，一边思考全球变暖

这组茶杯的设计师将陆地、海洋和冰川按比例设计在杯子和托盘上。人们可以在每天享用咖啡的时候，顺便思考一下地球的环境问题。这组茶杯的设计就是信息可视化在生活中的绝妙应用。

陆地 26.0%

冰川
3.2%

海洋
70.8%

看见设计

设计产生的引导

好的设计可以自然而然地推动我们的生活。

喝咖啡的时候，我们无意识地将手握在杯子的把手上，是因为先有了把手这一设计，我们才产生"握住"这个动作。这就是功能可见性设计对我们的引导。

■ **功能可见性**：美国心理学家詹姆斯·吉布森认为产品能够吸引人们，自然而然地产生使用的动机

体贴和多此一举

车站商店的困局。

1. 很难发现车站厕所的指示标志。

2. 很多人来商店询问厕所的位置。

3. 灵机一动，做了一个"厕所在那里"的指示牌。

4. 随着周围指示牌的增加，厕所的指示牌反而很难被人注意到。

5. 寻找厕所的人更多了。

6. 标志也随之增加。

7. 厕所变得越来越难找。

公共空间中充满着各种各样的信息。真正需要的信息之所以看不到，不是因为显示面积太小或找不到，而是因为无关的信息太多。

不断地做"加法"可能会适得其反。在设计时，我们要选择必要的要素，多做"减法"，让关键信息更容易被发现、被理解。

◆ **为设计做"减法"**：在想传达的信息中，只选择真正需要的元素进行设计。平时，应该经常检查自己是不是为设计做了"加法"

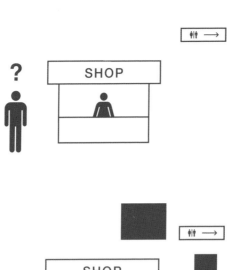

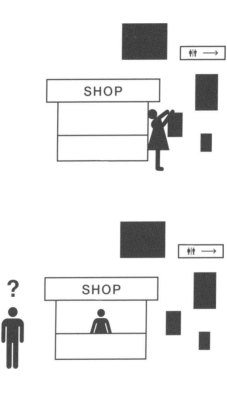

看见设计

电子阅读，让手替代了纸

随着媒介的发展，理解并践行"无意识的心情"设计变得越来越重要。让我们来比较一下通过纸质书和智能手机等电子阅读媒介的差别。

纸质书将内容记录于书页并集合成册。翻开书页时，手指能感受到纸张的质感和重量，翻页时还能听到纸张的声音。阅读时，环境与书的实体存在于同一个空间。书页的纸张和版式是连续的，书的版心和周围的留白也是固定的。就这本设计书而言，考虑到内容和形式，我们选择了相对多的留白，就是为了能给读者更好的阅读体验。

然而，在智能手机的屏幕上，书籍的内容和身边的环境并不处于同一个空间。读者需要把注意力放在屏幕上才能阅读。屏幕的触感平滑，没有纸张的那样触感。阅读的时候，仿佛从一个画框中获取信息。在版式上，留白也变得可有可无，成了阻碍信息传递的一种多余的存在。为什么这么说呢？我们在屏幕上进行阅读时，期待的是无限地、连续地获取信息，会不自觉地变得性急，只想获取必要的信息。

看见设计

视觉和图形空间

视角的观察方法

平面设计利用视觉和想象力来展现设计思路。它超越平面,不被大小所束缚,严格遵循人的认知原理。

- 平面设计与人的想象力相结合
- 对象和边框的大小要相对考虑
- 放大、缩小会改变作品给人的印象
- 平面图形不受尺寸限制。大脑的想象力可以发挥作用
- 立体图形展现真实尺寸。大脑的想象力受到限制
- 相机是单视点的,人是多视点的
- 了解图形的空间和深度表现
- 中心投影是主观的;平行投影是客观的
- 理解透视投影与平行投影的区别
- 不限定视点带来的多样性

设计的科学

视觉语言可以应用在设计作品上。形状影响着人们的心理和感知。打动人心的设计是有科学依据的。设计可以让人看到看不见的信息。要以人为中心进行设计,用独具创意的灵感,让人与自然更加亲近。

- 格式塔法则和布局
- 形状是大脑创造的。视觉心理学,帕雷多利亚现象
- 为机器人设计脸,可视化心理学,模拟现象
- 通过知觉和触觉进行设计。界面设计和扁平化设计
- 数学和几何学。整体和部分的关系
- 用三原色来理解颜色
- 光的三原色和颜料的三原色。光采用加法,颜料采用减法
- 用光和色的三角关系来理解色环
- 设计信息的信息图和地图
- 引导式设计,功能可见性
- 用减法做设计
- 纸和屏幕的区别

3

用文字来
表达

组合文字的结构
语言和字体

组合语言

在设计时，除了图形，我们还可以通过文字进行交流。从组合文字、视觉要素，再到组合信息和视点，语言的组合既是平面设计的起点，也是终点。

文字排版

↓

组合文字
组合信息

↑

平面设计

■ **文字排版**：将文字依前后顺序排列，用铅活字、图片，排成活字板的过程

用文字来表达

读与看

我们在阅读文字的同时，也在看文字的形状。当文字重叠，文字所代表的读音和含义就会随之消失，变成单纯的图案，凸显字体特有的感觉。

■ 文字

○ **汉字**：具有音、形、意的表意文字

○ **假名**：具有假名音和形状的表音文字，每个假名能够代表一个音节

○ **字母**：具有字母音和形状的表音文字，分为元音和辅音

簸

文字的展示方式

文字由意思、声音和形状共同构成。文字可以将语言表现出来，文字的骨架是字体，它能够赋予文字不同的个性。很多文字组合在一起形成段落，就可以进入下一个阶段——排版了。

文字に声の個
性を与えるの
が書体のしゃ
べり方が文字

文字的大小、字间距和行距

段落的大小可以用字号 × 字间距 × 行间距来计算。确定好文字的大小、行间距后，将其排列整齐，就可以组成包含文字的段落。再赋予段落不同种类的字体，文字的表现形式就会更加丰富。

- **字间距**：指按行排列的文字与文字之间的空隙。字间距存在于字与字之间，如果文字大小相同，该字间距被称为"固定间距"；如果文字大小像日语的假名，文字大小不一，则文字之间可以使用"填充间距"
- **行距、行间距**：行距是指行与行的间距；行间距是指行与行之间的距离。单倍行距是行间距为所使用文字大小的一倍
- **文字大小**：目前文字大小的表示分为号数制和点数制。号数制用起来简单、方便，使用时指定字号即可；点数制是目前国际上最通行的印刷文字的计量方法，一般用小写 p 来表示，俗称"磅"
- ◆ **文字设置**：通过 Adobe Illustrator 可以设置文字。"文字大小"可以对文字的尺寸进行调整；行间距和字间距可以通过"行间距"和"字间距"来进行设置。通过选择字间距或追踪选择字符串时，可以进行半角数值500和全角数值1000的字间距调整

横排
固定间距
0.5倍行距

あなたの笑顔を
見た瞬間に好き
になってしまい
ました突然の告
白で驚かせたか

横排 / 竖排
固定间距 / 填充间距

あなたの笑顔を
見た瞬間に好き
になってしまい
ました突然の告
白で驚かせたか

竖排
固定间距
0.5倍行距

あなたの笑顔を見た瞬間に好きになってしまいました突然の告白で驚かせたか

113

行间距

大

小

あなたの笑顔を見た瞬間に好き
になってしまいました突然の告白
で驚かせたかも知れませんがこう
して気持ちを伝えなければ恋も愛
も何も始まらないと思うので勇気

あなたの笑顔を見た瞬間
に好きになってしまいまし
た突然の告白で驚かせ
たかも知れませんがこうし
て気持ちを伝えなけれに

あなたの笑顔を見た瞬間に好き
になってしまいました突然の告白
で驚かせたかも知れませんがこう
して気持ちを伝えなければ恋も愛
も何も始まらないと思うので勇気
を出して手紙を渡します最初にあ

あなたの笑顔を見た瞬間
に好きになってしまいまし
た突然の告白で驚かせ
たかも知れませんがこうし
て気持ちを伝えなけれに
恋も愛も何も始まらない

あなたの笑顔を見た瞬間に好き
になってしまいました突然の告白
で驚かせたかも知れませんがこう
して気持ちを伝えなければ恋も愛
も何も始まらないと思うので勇気
を出して手紙を渡します最初にあ
なたを見かけたのは僕が毎日利

あなたの笑顔を見た瞬間
に好きになってしまいまし
た突然の告白で驚かせ
たかも知れませんがこうし
て気持ちを伝えなけれに
恋も愛も何も始まらない
と思うので勇気を出して

あなたの笑顔を見た
瞬間に好きになって
しまいました突然の
告白で驚かせたかも
知れませんがこうし

あなたの笑顔を
見た瞬間に好き
になってしまいま
した突然の告白
で驚かせたかも

あなたの笑顔を見た
瞬間に好きになって
しまいました突然の
告白で驚かせたかも
知れませんがこうし
て気持ちを伝えなけ

あなたの笑顔を
見た瞬間に好き
になってしまいま
した突然の告白
で驚かせたかも
知れませんがこ

あなたの笑顔を見た
瞬間に好きになって
しまいました突然の
告白で驚かせたかも
知れませんがこうし
て気持ちを伝えなけ
れば恋も愛も何も

あなたの笑顔を
見た瞬間に好き
になってしまいま
した突然の告白
で驚かせたかも
知れませんがこ
うして気持ちを

对话框中的文字

日本漫画中，经常使用黑体作为日语中汉字的字体，而假名则选用明朝体。这样设置的理由是汉字和假名有明显的对比，更易于阅读。在设计中，设计师也经常通过改变字体来强调对比。

明朝体

其实，日文文字体系中的明朝体、汉字和假名的字形是不同的。

在中国，明朝体统一称为"宋体"。汉字的直线很多，天生带着一种雕刻感，而假名部分比较偏向柔软的书法体。日语中包含了两种文字，一种是传达意思的汉字，另一种是表达声音的假名。

■ **明朝体和假名**：据说传教士为了传教而编写词典时，首先选择了易懂的欧洲罗马体作为传教品的字体。江户时代末期，在日本出现了近代活字，其中汉字的活字来自中国，假名的活字是在日本当地制造的

話す

宋体

明朝体

用文字来表达

柔和的段落

日语中的汉字增加了信息的密度。日语中假名的使用，可以让句子的划分更清晰。汉字负责传达强烈的含义，假名则负责传达代表语气的声音。倘若日语中只有假名，那么文本信息的浓度无疑会变得很低，因为日语中有很多词语都是音同义不同的。合理范围内使用汉字可以增大信息量，让每个文字都有独立的意思和声音，可以更有逻辑地传递信息。

にほんごのもじぐみをみると、そのとくちょうてきなしつかんをはっけんする。いうまでもなくかんぶんはかんじのみでひょうきされるので、もじれつはきんいつなしつかんをもっている。しかしにほんごはかんじとかなのかくすうのちがいによってもじぐみにのうたんができる。ひょうごもじのかんじとひょうおんもじのかなをくみ

字体：龙明体

日本語の文字組を見ると、その特徴的な質感を発見する。いうまでもなく漢文は漢字のみで表記されるので、文字列は均一な質感を持っている。しかし日本語は漢字と仮名の画数の違いによって文字組に濃淡ができる。表語文字の漢字と表音文字の仮名を組み合わせて表記する複雑な記述方法が、日本語の組版の印象を特徴づけている

從日文文字的編排中可以發現其具有獨特的質感。無再贅述漢文是由漢字所組合而成，在文字整體排列上具有均衡統一的質感。而日文因為有漢字和筆劃數有差異的假名的組合，在文章整體的視覺上形成濃淡強弱的感覺。在日文文章中，有表語文字的漢字和表音文字的假名文字的複雜組合上，形成日文的文字編排法上獨有的特徵。從日文文

日本語の文字組を見ると、その特
徴的な質感を発見する。いうまで
もなく漢文は漢字のみで表記され
るので、文字列は均一な質感を持

字体：Gothic MB101

日本語の文字組を見ると、その特
徴的な質感を発見する。いうまで
もなく漢文は漢字のみで表記され
るので、文字列は均一な質感を持

字体：Gothic MB101＋ZEN 黒体

假名字体的改变

改变假名的字体，会大幅改变段落给人留下的整体印象。相比汉字而言，假名使用更加灵活，字体的自由度更高。假名有各种各样的字体，有可以和英朗的汉字区分开的淡雅字体，也有追求假名表现力的花式字体。

◆ **检查段落的大小**：我们看到的文字大小由眼睛和纸的距离决定。想知道纸质书、电子书的文字和段落的实际大小吗？打印出来看最为准确

◆ **了解段落的基本知识**：找一本书，翻开后直观地感受一下段落的组合、排版留白的方法、页码的设置等

用文字来表达

用毛笔书写

我在杭州的中国美术学院举办平假名字体工作坊时，最大的感触就是文字可以通过手和身体的感觉来传递，哪怕是完全不了解的语言。参加工作坊的学生们出人意料地很快就理解了假名的写法。大家看着假名，把文字理解为笔画而不是形状，并深深印在脑海和身体里。中国不亏是书法的国度啊，这次经历，让我再次意识到书写是文字的身体化。

■ **平假名字体工作坊**：这个工作坊在杭州的中国美术学院的设计艺术学院举办，首先，请学生们模仿墙壁上的平假名的形状，用身体进行记忆。然后，教授学生们平假名的正确书写方式。最后，请学生们自由地书写

◆ 制作平假名和手写体的标志时，要考虑到毛笔和钢笔书写时的感觉，据此来设计，就能表现出生动的感觉

源于汉字的假名

假名由汉字演变而来。古时的日本人为了丰富日语的表达方式，借用了汉字来补充那些没有文字的日语单词。因其只借用汉字的音和形，而不用它的意思，所以叫"假名"。其中，"万叶假名"作为用汉字表记日语发音而使用。

波 奈 太 左 加 安 は な た
比 仁 知 之 幾 以 ひ に ち
不 奴 川 寸 久 宇 ふ ぬ つ
へ 祢 天 世 計 衣 へ ね て
保 乃 止 曽 己 於 ほ の と

■ 万叶假名、草书、平假名：汉字在日语中的变化过程

平假名由汉字的草书演化而来，给人以柔美的感觉。在用万叶假名书
写和歌、日记等的大和词的过程中，汉字的草书体失去了原有的形态，
而且被逐渐简化，形成了现在看到的平假名。

さかあ　はなたさかあ
きかい　ひにちしきい
しきう　ふぬつすくう
すくえ　へねてせけえ
せそこお　ほのとそこお

ことば
ことば

■ 连绵体：最开始，为了让句子更容易理解，平假名都是几个文字为一组出现的。
　　后来，为了嵌入正方形的铅字，就变成了现在一个字一个字分开的状态

片假名

片假名从汉字的楷书中取符合声音的部分简化而来。古时候，日本人用汉字书写经书等典籍。首先，将文字调整成日语的语序，然后加入助词"てにをは"，最后用汉字的一部分来代替整个汉字，这样就形成了片假名。

加

奈

■ 从汉字到现代文
○ **汉字**：由中国古代流传下来的文字
○ **返点**：为了读不同语序的句子，表示阅读顺序的记号
○ **送假名**：为了读日语而添加的片假名
○ **现代文**：把汉字和假名并列的现代日语

百聞は一見にしかず

百聞ハ一見ニ如ヵ不

百聞不如一見
ハ カ ニ レ 二

百聞不如一見

柔和的语言

假名笔画柔和且简单，可以轻松地和汉字区别开，使中国的汉字和日本的和语交织在一起，也不会造成阅读方面的障碍。从奈良时代末期到平安时代初期，形成了片假名和平假名，由此确立了"汉字片假名掺杂体"的时代。

这种掺杂的书写方法又细分为两种类型。一种是平假名加上汉语形成的"和文系"；另一种是汉字加上片假名的"汉文系"。日语中，这两种不同的书写方法共存了很长时间。到了近代，号召文言和口语保持一致，以及统一假名的字体，逐渐在第二次世界大战后形成了日语现代文。

日语的表达方式比其他语言要复杂得多。在日语中，汉字的读法有两种。一种是用从中国传来的汉字本来的读音所代表的"音读"；另一种是用日本当地含义来读的"训读"。助词和助动词等用平假名表示，外来语用和制汉语和片假名表示。训读的汉字使用平假名书写。在汉字上，也可以用假名进行注音。

看完以上介绍，是不是觉得日语实在是太复杂了呢？难道就没有办法简化一些吗？日语中的汉字是文字的骨架，而假名是文字的黏合剂。现在的日语是通过很多人的努力和智慧才得以形成的，接纳这种语言的复杂性，就是对日语的认同。

日语具有句型结构"暧昧"且灵活、夹杂着汉字和假名的特点，这既是日语的有趣之处，也是排版时的难点。

日语的设计与排版，究竟难在哪里？

【浓淡问题】汉字和假名的分布不均导致信息量的不平衡。笔画浓密的汉字和稀疏的假名，让版面文字的浓淡不一，需要认真思考汉字和假名的搭配比例。

【平假名问题】句末的"です""ます"等结尾词语，使现代文的文字间隔很长。

【片假名问题】外来语让文字中的片假名大幅增加，还有一些专有名词直接用字母表示。

【文字里什么都有的问题】数字、符号、罗马字的大小写使用过于自由。

◆ **标题**：要积极利用汉字、平假名、片假名的不同表现形式
◆ **正文**：首先要确定文字的方向。通过选择假名字体的风格，可以控制汉字和假名的对比强烈程度

语言的长短

假设在对话中，所有的语言在一定的时间内都会传递相同的信息。

"我爱你"这句话在英语里是 I Love You，用中文说是"我爱你"，在日语中用"私はあなたを愛しています"这个长句表达。想在固定的时间传达同一心情，只能简化语言，剩下"愛している"这五个字。大阪话的"我爱你"更短，是"好きやねん"（喜欢哦）。

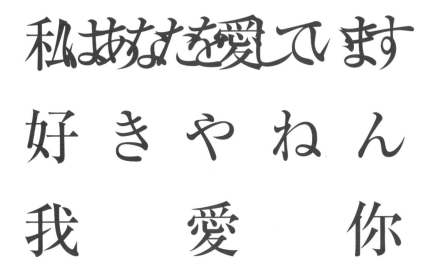

日语根据上下文来判断语义。如果说英语和汉语是具有构筑性、逻辑性的理性语言，那么日语就是经常省略主语和句尾的感性语言。

I

LOVE

YOU

是画也是字

视觉交流的方法有两种，即文字，也就是我们通常所说的狭义的语言、图画、形象等的视觉语言。现在，还出现了将两者结合的"颜文字"。

要追溯文字的历史，不得不提到图画文字，如美索不达米亚的上埃及的象形文字。中国的汉字，也是由甲骨文演变而来的。

文字从图画文字变成文字。在现代，图画文字再次成为焦点。让我们来看一下现代的图画文字。

■ **国际图形字体教育体系**：是一套由奥地利经济学家奥托·纽拉特主导创建的视觉语言系统

■ **象形文字**：在多语言的欧洲，交通工具等广泛使用的标准化图画文字

■ **图标**：20世纪80年代后期，苹果计算机采用并普及的图形用户界面的符号

■ **颜文字**（emoji）：用文本表达感情

◆ 与图画的不同之处在于，颜文字提取传达的要素并将其高度符号化。颜文字的卡通化，也是回归绘画的一种表现

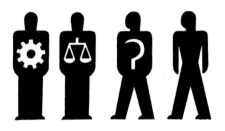

《国际图形字体教育体系设计及内容 1925-1971》Hyphen Press 出版

由日本设计，后来成为国际上使用的逃生出口的标志

iPhone 中邮件 App 的图标

由 FontWorks 制作的颜文字

用文字来表达

文字的面貌

以下是用不同字体来表现数字 0 的例子。字体的轮廓让人感觉到了 0 的不同形态，同样的 0 也有不同的面貌。

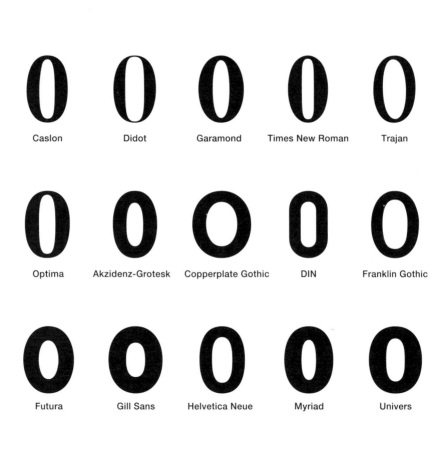

Caslon	Didot	Garamond	Times New Roman	Trajan
Optima	Akzidenz-Grotesk	Copperplate Gothic	DIN	Franklin Gothic
Futura	Gill Sans	Helvetica Neue	Myriad	Univers

139

用文字来表达

字体

体 体

异体字

體 體

文字的样子

上一页的"体"和"體"，是同一个文字（简体和繁体），但是字体不同。

文字，用字形来表示读音和含义。

文字种类，是指具有相同含义的文字整体。

字体是文字的"骨骼"，是文字形状的核心，也是文字给人的感觉。

■ 书写风格的专有词汇
○ **字体**：文字的外在形象，表达文字的设计感
○ **复合字体**：相同尺寸的字的集合，现在以计算机字体居多
○ **标志符号**：主要是指给定字体的物理表示形式
■ **字体的名称**：按分类不同，有一般的叫法，如明朝体、罗曼体等，也有字体的特
　有名称，如龙明体、Helvetica 等

■ 汉字的种类
○ **常用汉字**：现代汉语使用的标准字
○ **繁体字**：未经简化的传统汉字，主要在中国台湾地区和香港特别行政区使用
○ **简体字**：简化的繁体字，主要在中国使用
◆ **"体"和"體"**：前者是日文中常用汉字的字体；"體"是相对古老的写法，即"繁
　体字"
　就像"藝"和"芸"一样，日本和中国对于汉字的简化方法是不一样的，这些字表
　达的本意是一样的，但是字形不同
◆ **异体字**："体"和"體"、"藝"和"芸"这类文字的变化，可以从 Illustrator 和
　InDesign 的"字形"面板中选择
◆ 汉语中的"字体"也有文字书写方式的含义

字体的重量

相同的字体，可以看作是"一家人"，用"字重"表示字体的粗细程度。

字体：ヒラギノ角ゴ

■ 书写风格的专有词汇

○ **字体系列**：同一种字体的变体

○ **字重**：越粗的字体，字重越大，从细到粗有 light、medium 和 bold 等种类

◆ 在英文的字体中，也有很多表示水平压缩（condensed）、拉伸（extended）和
倾斜（italic）等的字体

字体：Helvetica

在历史的长河中，文字和字体逐渐合二为一。中国的汉字起源可追溯至3500年前刻在骨头和龟壳上的甲骨文。殷商时期，青铜器上出现了金文。在此后，人们在木制的短笺上写字，到了公元2世纪，人们在纸上开启了书写的历史。

楷书靠写，明朝体靠雕刻

从篆书开始，毛笔字不断演化，形成了隶书、楷书等字体。在木版雕刻的过程中，汉字的优势渐渐显现——因其直线多，雕刻速度快而大受欢迎。从公元10世纪开始的宋朝，出现了宋体，也就是现在日本的明朝体。

楷书体　宋朝体　明朝体

■ **Trajan 字体**：设计师 Carol Twombly 依据罗马帝国皇帝图拉真凯旋柱上的碑文设计的字体。因为罗马时代没有小写字母，所以 Trajan 字体全部都是大写字母

A B C

拉丁字母（又被称为"罗马字"）起源于公元前 7 世纪，是一种在古罗马使用的文字。之后，罗马字通过教会传到欧洲。罗马字源于腓尼基的文字派生出的希腊文字，然后在罗马殖民城市伊特鲁里亚最终形成。

大写、小写和斜体

最初，罗马字只有大写，后来根据需要，15 世纪前后产生了小写的罗马字。使用罗马字时，要注意区分大小写。与此同时，罗马字和斜体要严格区分使用。

Roman *Roman*

■ 罗马字和一般文字的使用区别
○ **罗马字**：一般来说都是正体，不倾斜使用
○ **斜体**：倾斜的手写体风格的文字。在罗马字的句子中，斜体一般用于强调或区别于其他内容。如果用日语来类比，用途接近文字加粗和片假名，起到强调的作用

正方形的文字

汉字、假名和罗马字三者的历史完全不同。那么，这三种文字的设计和结构有哪些差异呢？

汉字和假名是以正方形为基础设计的。造字时，范围固定在正方形的框架内，以天地、左右的中心为基准。书写时，无论是横着写，还是竖着写都很顺畅。

虚拟的文本框
文字的尺寸

■ 字面：以正方形框作参考来限定字的大小

◆ 日语文字编排的基线：在 Adobe Illustrator 中，"排版"功能默认会用英文字母造字的基线，所以在设计日语文字时，注意选择正方形框为参考来进行设计。可以通过打一个全角符号的方框来进一步验证

平行线的文字

英文字母是由水平的基线和上下一组平行的线为上下缘设计的。英文字母有大写和小写。通常，一个单词由若干字母构成，平行的线条看起来很顺畅，容易阅读。在设计中，一般会选择将英文字母横向排列。

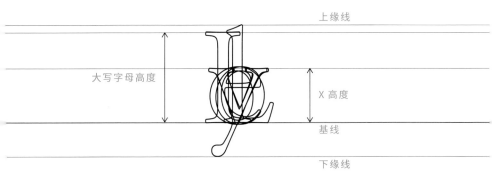

- 上缘线
- 大写字母高度
- X 高度
- 基线
- 下缘线

■ **字面**：各种文字所占面积的大小

■ 通过基线来维持大写文字和小写文字的一致性

◆ 在为字母排版时，不仅要看文字的形状，还要通过阅读来把握整体的感觉

用文字来表达

明朝体的"表情"

从上面两个不同的"真"字可以看出，明朝体的字形充分反映了毛笔的运笔动作。试着把左右对称的文字进行反转。右边看起来不自然，正确的"真"字其实在左边。毛笔写字时从左向右，这一运动轨迹也反映在字体设计中。笔在最右端停顿的部分用三角形来表现。在"真"字中间，横线较多，所以多为细线，而两侧的竖线较粗，这样的设计能够给文字带来稳定的感觉。

三角形衬线

■ **三角形衬线**：笔画收尾处均产生笔锋 —— 横线的右端以及拐弯处的三角形凸起

148

罗马体的"表情"

罗马体也被称为"衬线体"。衬线是指一个字母用一条小横线或装饰线，表示这一笔画的完结。试着将上面的字母 A 左右翻转，正确字体是左边的那个。就像写字时的笔画一样，横向或向上的笔画通常比较细，向下的笔画比较粗。字体的线条可以反映笔的移动，衬线有助于让读者顺畅地阅读。

衬线

■ **衬线**：罗马体（衬线体）笔画完结处的装饰

用文字来表达

没有三角形衬线的文字

愛あイ

黑体是指没有明朝体那样的三角形衬线的字体，只是用均匀的粗线来
表示字的骨架。黑体的范例可以参看下一页的无衬线字体。黑体仅针
对日语文字，不包括字母。

智能手机等的 App 中显示的字体多为黑体，这是因为汉字和假名的
笔画密度相差比较少，看起来更清晰，更便于阅读，尤其适合应用于
手机屏幕上显示的短小段落。

愛あイ

有三角形衬线的文字

无衬线的文字

Lovely

无衬线体专指字母中没有衬线的字体，与黑体相对应。无衬线体用均匀的粗线表示字母的"骨架"，给人以简洁、明快的感觉。

Lovely

有衬线的文字

用文字来表达

明朝体和黑体的风格

只要理解明朝体、黑体、罗马体和无衬线体，这几种基本字体的特性，就基本了解了字体的构成要素。下面介绍两种延续至今的主流风格。

文字に声の個性を与えるのが書体

文字に声の個性を与えるのが書体

文字に声の個性を与えるのが書体

■ 以明朝体为例
（上）现代型：具有现代特色的假名，如龙明体
（中）复古型：传统风格的假名，如龙明体＋复古假名
（下）传统活字形：具有活字风格的字体，如秀英体

文字に声の個性を与えるのが書体

文字に声の個性を与えるのが書体

文字に声の個性を与えるのが書体

■ 以黑体为例
（上）现代型：汉字和假名的大小统一的字体，如新黑体
（中）中间型：标准的字体，如 Gothic MB101
（下）传统型：传统风格的假名，如 ZEN 黑体

罗马体和无衬线体的风格

罗马体在15世纪就形成了该字体的基本风格，此后，诞生了古罗马体。到了18世纪，又出现了现代罗马体。

Type gives individual voices to letters.

Type gives individual voices to letters.

Type gives individual voices to letters.

■ 以罗马体为例
（上）古罗马型：具有历史感的字体，如 Garamond
（中）中间型：标准的字体，如 Times New Roman
（下）现代型：以直线为衬线的字体，如 Didot

Type gives individual voices to letters.

Type gives individual voices to letters.

Type gives individual voices to letters.

■ 以无衬线体为例
（上）早期无衬线型：如 Akzidenz-Grotesk
（中）人文型：如 Frutiger
（下）现代无衬线型：具有几何形风格的字体，如 Helvetica

用文字来表达

字体的选择要从三个角度考虑

要想对文字进行优美的排版，需要从以下三个角度选择。

1. 字体——字的形状。

2. 一行文字所要表现的效果。

3. 段落的整体质感。

文字に

声の個性を与えるのが書体。

ことばが形になったのが文字、文字に声の個性を与えるのが書体、書体のしゃべり方が文字組。文字を超えて視覚要素すべてがタイポグラフィだと解釈すれば、グラフィックデザインは情報コミュニケーションの組版術ということができる。

Type

Gives individual voices to letters.

Letters shape our words, type gives individual voices to letters, and typesetting is how type talks. If you take typography to mean not only characters, but all visual elements, you could say that graphic design is the typesetting of communication.

Letters shape our words, type gives individual voices to letters, and typesetting is how type talks.

语言、段落和字体

组合文字的结构

用文字和字体说话。排版是文字的表达术。
从汉字和假名了解排版。
日语的由来体现在其书写方式上。

- 组合文字和组合信息
- 读与看。从语言和形式两个方面来思考
- 段落的大小与文字的尺寸、字间距和行距有关
- 从汉字和假名来理解明朝体
- 比较段落,感受汉字与假名的不同
- 用身体的动作来感受文字的结构
- 平假名和片假名由汉字演变而来
- 日语排版时遇到的困境
- 归纳颜文字和图标符号

语言和字体

从文字理解字体。
文字和字体在历史中得到统一。
汉字和假名在正方形中设计,字母在平行线之间设计。

- 仔细观察文字,字体是文字的"骨骼",字形是文字的风格
- 文字也有家族、字形和字重
- 汉字的由来:从甲骨文、金文到篆书
- 汉字活字印刷:楷书到明朝体
- 字母是罗马体的起源
- 用正方形和基线来了解字体的构造
- 明朝体与罗马体。比较字体的不同
- 了解黑体和无衬线体
- 选择字体的3个角度

4

设计和大脑

创意与过程
设计的学习

平面设计的镜头

平面设计可以被看作连接世界和人的镜头。它超越一切，将看不见的东西可视化，把想象力从现实空间延伸到信息空间，把信息从过去送到未来。平面设计用奇妙的视觉体验将世界和人们紧紧相连，让人们从构思、思考和设计出发，更加高效地传递信息。

设计和大脑

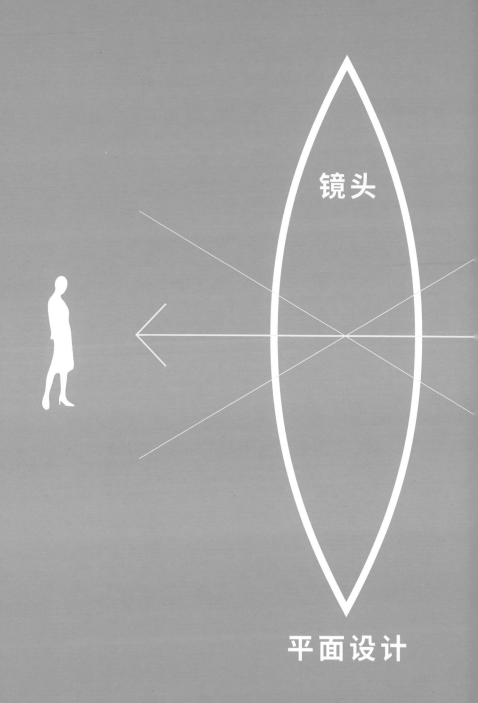

镜头

平面设计

信息空间

世界

现实空间

设计和大脑

没有重量的设计

相比物品的设计，平面设计是一种"没有重量的设计"。尽管设计时也使用到了纸张和材料，但它们仅是传递信息的媒介。平面设计不具有实物的属性。说到底，平面设计的本质是信息。珠穆朗玛峰和一只蚂蚁同时印刷在纸上，重量也是一样的。

"有重量的设计"是指有物理实体的设计，如建筑的承重设计、物品的手持设计、服装设计等。

平面设计是一种一目了然的表现形式，但是，我们一直以来对图形的理解只停留在表面。这是因为平面设计不涉及实物，所以人们很难理解平面设计背后的设计结构。

那么，我们只有深入了解平面设计的内容和结构、设计的动机，才能更好地掌握设计的方法。

0kg

平面设计

触达大脑的设计，就能抵达人心

人们感知平面设计的渠道有两个。一个是通过信息；另一个是凭借印象。接下来，我们将利用上述这两种渠道，来分析设计是如何发挥作用的，从而帮助我们更好地进行设计。

在意识的驱动下进行的信息性的设计，很容易被人的理性所捕捉，而被无意识驱动下形成的心理性的印象，则很容易被人的感性所理解。就像红绿灯的信号，会驱使我们判断是否前行或止步的意识。有的是人则是因为小店的设计风格，使其有一种"怦然心动"的感觉。

■ 信息和印象的区别
○ **商品**：外包装的材料、标识是信息；散发的味道、给人的感觉是印象
○ **商标**：商标的文字是信息；字体、文字的颜色是印象
○ **机场引导标识**：是简单易懂的信息；标识在我们大脑中留下的记忆是印象

设计和大脑

让平面设计带上你的个人色彩

平面设计包含的内容非常多，各种功能相互交织。接触平面设计，会接触到各种各样的专有名词、风格体系等信息。那么，作为初学者，应该如何学习呢？我认为可以分为以下三个步骤。

1. 掌握平面设计中"基本的基本"，也就是本书第1章的点、线、面的原理，以及第3章的版面设计知识，这些都是平面设计的核心技能。

2. 在此基础上，让平面设计带上你的个人色彩。这意味着，要深耕自己感兴趣领域或持续提高特定方面的技能。例如，美术编辑需要掌握版面设计和DTP(桌面排版)的知识，网页设计师则需要研究UX(用户体验)等。

3. 跨越专业领域的设计，要求掌握广泛的知识。设计不仅可以组合搭配文字，达到更高的审美效果，还可以解决其他问题，能影响的领域正在不断扩大。设计的核心要素和社会的核心要素的联系越来越紧密。

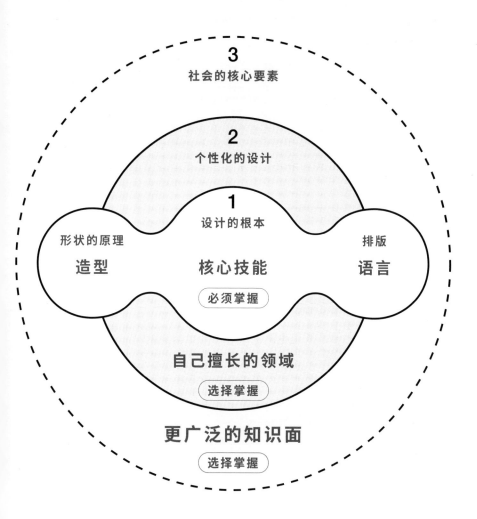

更广泛的知识面
选择掌握

设计的皮肤、肌肉和骨骼

接下来，让我们像解剖人体一样观察设计的结构。拿到一个平面设计作品，首先映入眼帘的是设计的"皮肤"，在此之下隐藏着外人很难看到的"肌肉"和"骨骼"。

设计的"皮肤"是设计所呈现的效果。

设计的"肌肉"是设计的动机和功能。

设计的"骨骼"是设计的构造原理。

◆ 要想捕捉设计的内涵，需要做的事
○ 主动地分析感兴趣的设计，研究其背景和传达的信息
○ 多看设计案例，在网上或杂志上学习他人的设计作品
○ 不要只关注设计效果（"皮肤"），还要思考设计的动机（"肌肉"）和结构（"骨骼"）

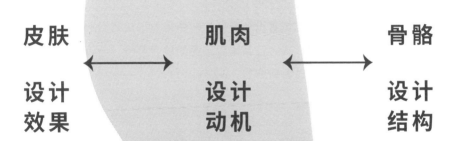

皮肤　　　　肌肉　　　　骨骼

设计　　　　设计　　　　设计
效果　　　　动机　　　　结构

一切从简单开始

为了不使设计偏离初衷，最好是从设计的"骨骼"，也就是结构开始思考。切记，不要从一开始就拘泥于设计的表现效果、颜色、质感等细节。要将设计这件事还原成简单的结构来进行构思。

思考的步骤

首先，使用简单的形式试着设计看。这么做是为了让我们不被设计的细节迷惑。一旦确定形式，还要比较不同的设计风格，一边比较，一边设计，从整体逐渐过渡到细节。

◆ **简化设计流程**
○ 使用正方形、正圆形等简单的形状
○ 把设计要素和布局分开考虑
○ 排版时要注意画面中心与水平、垂直的关系
○ 尺寸缩放尽量使用设计上美观的比例
○ 从黑色开始
◆ **设计上美观的比例**请参看第61页的内容

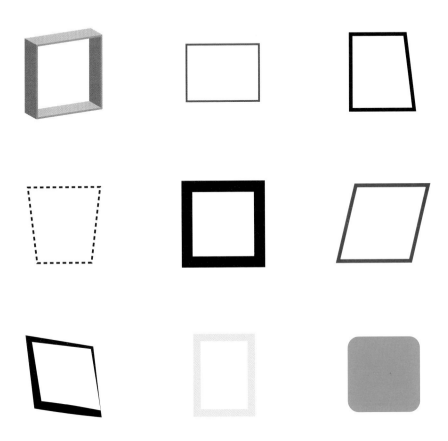

构思的三种方法

草图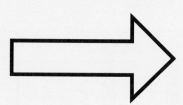

关键词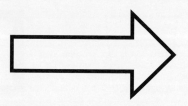

试稿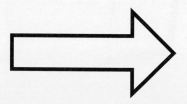

当同时使用上述三种构思方法时，创意的能力会提高三倍。

想到了就画

创意来源于形象。所以，在创意的初期不要过于拘泥于细节，可以试着在小小的草图上不断描绘。

■ **小草图**：使用小草图，可以让我们更好地思考设计的"骨骼"

想到就写下来

用想到的词语和短句把想法写成关键词，用语言为设计草图增加更多信息。

■ **思维导图**：以主题为中心，将联想到的关键词和想法连接起来，绘制放射状的图

想到就做出来

创意的形式也很重要。总之，先试着画出来，就知道创意是否合适。也许还会有意料之外的发现。

■ **原型设计**：用现成的材料做成样品的过程

假设？

假设的力量

设计的过程就是针对某个主题进行形式、内容、颜色等方向的逐一尝试，最终找出最合适的方案。设计的答案不可能只有一个。我们需要允许自己走弯路、反复试错、改变方针，以灵活的姿态找到最佳设计方案。

A？ → →

B？ → → →

C？ → → → → OK!

D？ → → →

E？ → →

■ 溯因推理：推导出其最佳解释的推理过程

让创意发酵

迸发灵感和创意的方法之一，就是把一切都交给大脑，等待创意"发酵"。有时我们为了某个设计项目，不断地阅读资料、整理信息，大脑在高速运转，但怎么都无法找到灵感。这时我们应该怎么办呢？

1. 让信息沉淀

   沉下心来认真理解、分析、思考问题。

2. 让创意"发酵"

   先放下设计工作，去干一些别的事情，让大脑休息，好好睡一觉。
   让意识得到放松，大脑中的创意才能开始"发酵"。

3. 创意的输出

   大脑把信息连接起来，作为创意输出出来。

也许我们早已有了构想，只不过它们都深藏在我们的大脑中，平时意识不到。

◆ 大量的信息输入和思考才能迸发创意。"发酵"出来的创意也许听起来很怪，但实际上往往具有很强的逻辑性

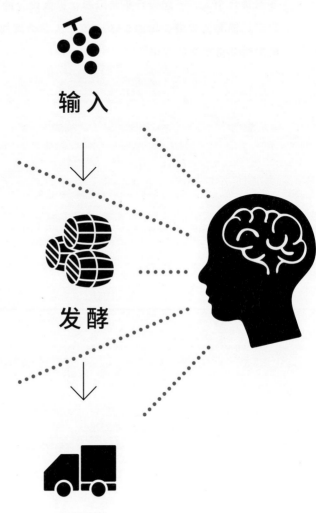

输 入

发 酵

输 出

设计和大脑

头脑风暴

多召集几个人，一起进行头脑风暴，扩大设计的可能性。5个人同时思考，思考的视野会增加5倍，10个人则会增加10倍。头脑风暴是创意时非常重要的方法。

■ **头脑风暴**：一群人用短语和关键词表达自己的想法，把这些出现的想法全部记录下来

◆ **头脑风暴的规则**：对于大家提出的想法，不批判也不反驳。也许暂时看起来是不可能的想法，但在未来就可能成真

◆ **大脑的地图**：可以用思维导图的方式表现大脑的地图

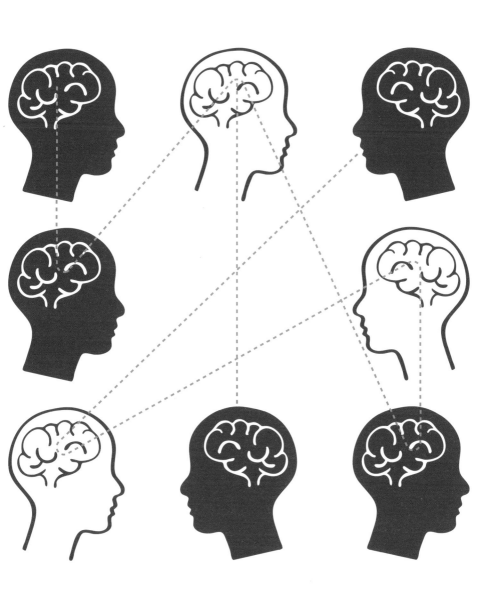

设计和大脑

烦恼

接下来，让我们从学习和研究的角度来思考设计。

经常有人跟我说，无法确定设计方向，感到十分迷茫。确实，在时间
较长的项目中，如果一直围绕一个主题思考，很容易在中途迷失方向，
感到无助和困惑。

每当这时，我都会告诉这个人，设计的确让人产生烦恼。但是，这种
烦恼是有意义的，是大脑正在思考的体现。设计是思考的积累，你所
要寻找的答案一定就在前方。

了 解 未 知

我在给新生上第一节课时，都会提问"设计是什么？"大家的回答一般都是与设计相关的关键词。我在讲台上看着台下的同学们，心里想到的是"设计是为了他人"。在我看来，这才是设计的本质。

我们身边的设计，其实只是设计的一小部分。想领悟设计的精髓，就要从日常生活中看到的设计中脱离出来，摆脱既有概念，发现设计多样的侧面、广度和深度，这才是学习设计的入口。

■ **了解关键字**：把各种关键词连起来，会产生新的更广阔的视野。下一页是大阪艺术大学设计学系一年级同学的小组作业

一条线绘成的复杂画面

在学习设计的过程中，往往用自画像等常见的东西练习。我会告诉学生，要求只有一个，那就是用尽可能复杂的一条线来创作。

有了限制条件，反而能画出各种各样的作品。仅用一条线来表现，乍一看很不自由。学生在此时会拼命思考线是什么？复杂又是什么？绞尽脑汁想合适的表达方式，想法反而变得自由而灵活。到目前为止，大家一直被所谓"自由"所牢牢束缚，无法自由自在地表现自己的想法。根据规定，表现出来的设计的无数个答案都是正确的。

■ **限制条件下的发现**："一条线"和"复杂"是两个看起来很矛盾的条件，设计能巧妙地将二者有机结合。上一页是大阪艺术大学设计学系一年级同学的作业

设计和大脑

设计的转换

从"只用一条线来创作"的练习中，我们可以得出这样的结论——在适当的条件下，通过变换某个对象可以推导出答案。如果把设计作为解决问题的方法，那么这个结论适用于所有的设计。

在这里，"对象"是指设计的对象或主题。"答案"代表的是通过设计表现出来的作品。将课题进行"转换"的"创意和条件"可以看作设计的理念。

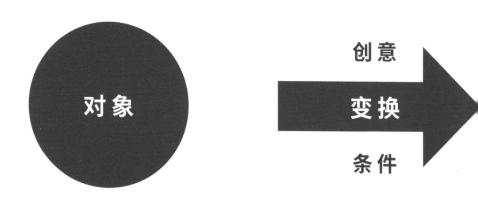

◆ **创意**：通过设定规则和限制的条件，寻找适合对象的表现方式
◆ **条件**：关于颜色、尺寸、目的、预算、限制范围等要素的规则

答案

设计和大脑

组合、描绘

平面设计的本质不是在白纸上随心所欲地乱画，而是应该像搭积木一样，将各种信息组合起来，得到更恰当的表现形式。平面设计不是自我表现，而是带有目的性的视觉组合。有的人喜欢绘画，有的人擅长数学，希望大家都可以在自己喜欢的领域里不断耕耘。

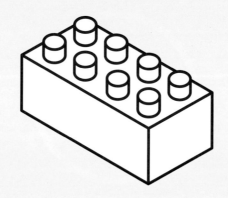

设计中的艺术与科学

设计离不开艺术和科学。艺术能直观地捕捉并表现创意，科学则能从逻辑上阐明结构。有时候，设计师会将看似古怪的想法通过一定的结构表现出来，这正是艺术和科学在设计上的完美统一。

◆ **从艺术入手的设计步骤**：首先思考、拓宽表达的可能性；其次，分析表达方式，找出合适的理由和逻辑
◆ **从科学入手的设计步骤**：首先分析设计目的，确定恰当的表达方法；其次，不要被束缚，试着放飞思想

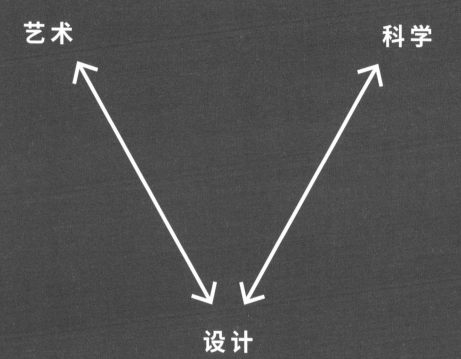

艺术　　　　　　　　科学

设计

创意、分析和实现

这些年，我对于平面设计有了一些体会和心得。我把它写在了给学生颁发的证书上 —— "要像艺术家一样大胆地构思，像科学家一样有逻辑地分析，像厨师一样认真落实。"

虽然证书是给学生的，但是我的这一体会不仅想传达给学习设计的人，更希望能够触及那些希望在专业领域有所建树的人。

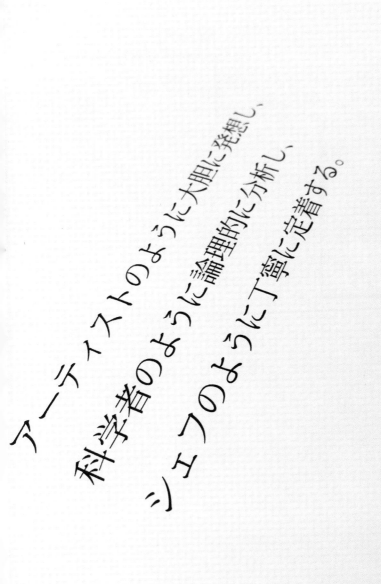

アーティストのように大胆に発想し、

科学者のように論理的に分析し、

シェフのように丁寧に定着する。

成长的阶梯

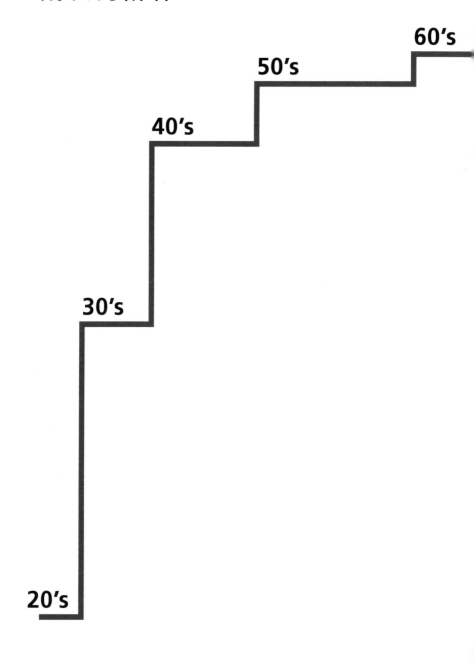

60's

50's

40's

30's

20's

没有工作经验，也不完全是劣势，这也许意味着你拥有更广阔的成长空间。

新人设计师面前有许多级台阶要爬。但是，新人有爬上台阶的体力，也有冲劲，距离下一级台阶无论从体能上还是心理上，其实都并不遥远。随着经验的积累，阶梯相差的高度会缩小。但与此同时，成长的空间也会变小，距离下一级台阶也变得有些遥远。

设计师要超越年龄，不断成长，保持好奇心，保持着令人兴奋的游戏心态。

■ **事业的阶梯**：美国平面设计师宝拉·雪儿在 TED 演讲时说道，"好的设计是认真的，但不严肃。"

设计和大脑

真诚、温柔、不欺骗、认真地传达想法。

像恋爱那般。

发现人们平时看不到或者忽略的东西，用设计作品来让他们感知。

设计师

↓

不说谎

设计和大脑

创意、思考和学习

设计与过程

将看不见的东西可视化。
超越物理性的平面设计。
将设计传递到大脑和心灵。
理解设计的构思、思维和过程。

- 从现实空间到信息空间，将世界可视化
- 平面设计是没有重量的设计领域
- 以信息和印象两方面的观点来执行设计
- 设计的基础是形状和语言，加上个人的特色
- 设计的"皮肤"、"肌肉"和"骨骼"
- 一切从简单开始的设计
- 构思的三种方法：草图、关键词、试稿
- 不断尝试、试做来进行设计
- 让创意"发酵"
- 善用头脑风暴

设计的学习

设计是把问题转换成答案。只要设定条件，答案就有无数个。
设计不是乱画，而是像搭积木一样进行组合。
用自由的构思、合理的逻辑，脚踏实地地进行设计。

- 设计需要积极的烦恼和思考
- 打破设计的既有概念
- 从有限的条件中产生无数的表现方式
- 设计的转换
- 通过信息和要素的组合得出答案
- 设计要运用科学和艺术
- 设计的创意、分析和实现
- 跳跃地成长，未来可期
- 设计是真诚的传达通道

5

发现设计

契机与发现
工作的本质

■ 20世纪80年代，苹果计算机在启动时会出现了一个微笑的脸的图标，即Happy Mac。一旦出现故障，就会出现一个悲伤的脸的图标，即Sad Mac。这就是图标的起源，它们是绘制于32像素×32像素的网格上的。设计者是苹果公司的"图标之母"苏珊·卡雷

接触设计

我通过使用计算机，理解了传达设计的本质。人们在计算机上可以接触到设计的本身。例如，鼠标点击的图标本身就是图形设计的一种。设计的开始、设计的过程都可以由计算机主导。

- **Macintosh SE/30**：苹果公司的 Mac 计算机的前身——Macintosh 之前有很多版本，即 1984 年出品的 Macintosh 128K、1986 年出品的 Macintosh Plus、1987 年出品的 Macintosh SE 和 1989 年出品的 SE/30
- **9 英寸黑白显示屏**：屏幕分辨率为 72dpi。屏幕上的一个点为 1 像素，打印机输出的是同样尺寸的纸。将屏幕和纸用同样尺寸的纸连接起来，这就是桌面出版（DTP）的原点

被扩大的"纸"

我的第一台计算机是 Macintosh SE/30。开机后，我看到白色背景上移动的黑色文字和图形，给我最强烈的感觉是，对于设计师来说，计算机是一张"变大的纸"。

20世纪80年代末到90年代初，平面设计从纸稿走向数字设计。我是幸运的，在这个时代同时感受到了两种设计方式。

有了计算机，平面设计才能从物理的限制中解放出来，变得更加自由。
在从古至今信息传递的历史中，这是崭新的篇章。

原子

平面设计的本质是视觉信息，信息本身没有物质性。一条线，在纸上只是墨水，在图表上则可以表示趋势，它仅作为一种描述性的线段而存在。

比特

■ **比特和原子**：比特 (bit) 是数字存储的最小单位；原子 (atom) 可以组成万物
麻省理工学院媒体实验室的创办人尼古拉斯·尼葛洛庞帝在其著作《数位革命》中，
对物质媒体和数字媒体进行了比较

第一份设计作品

这是我小学3年级时做的校报。当时我直接拿刻刀在蜡板上刻好字，直接油印成成品。

现在来看，当时这张校报的文字和图形的组合略显幼稚，但是不影响信息视觉化的整理和传达。回想起来，也许设计校报是我的第一份设计作品。

■ **报纸的版面**：报纸的段落和排版，兼顾了统一化设计带来的稳定易读性和新鲜感。同一个段落，字数、文字的尺寸是统一的。这些基本要素每一版都一样，每天不变。但是，报纸的标题和版头的设计不是一成不变的

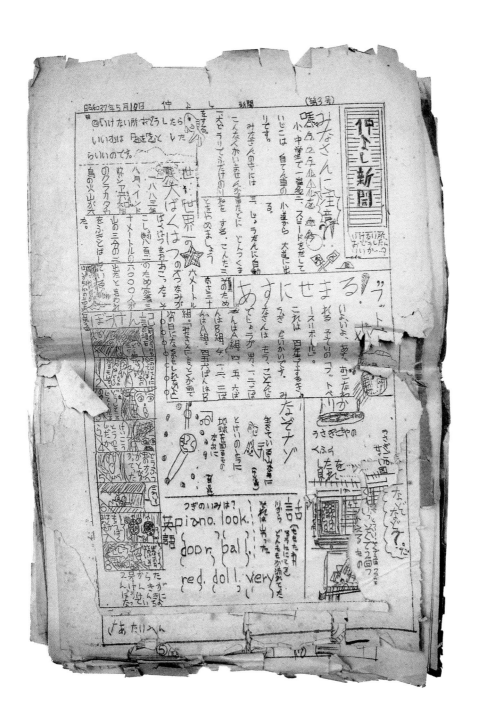

从印刷网点到设计

我将小时候对印刷的兴趣，延续到了设计上。小时候，我在折纸的说明书上发现了印刷网点，印象十分深刻。那些点摸起来凹凸不平，具有很粗糙的手感，在一定程度上让我的设计思维觉醒了。

■ **印刷网点**：普通的 CMYK 4 色印刷，文字和色彩的浓淡，代表着排列的网点密度。随着角度的不同，不同的网点会交叉重叠。在现代，每英寸纸印有 175 个印刷网点，几乎看不到印刷的痕迹。而在过去，由于网点比较粗糙、印版时常会错位，需要强调印刷的准确性

发现设计

半径500米的日常生活

我的工作室位于钓钟町，正如地名所述，附近有一座钟楼，每逢早晨和中午都会响起钟声。这个钟声能够传递到半径500米的区域。互联网将4万千米（地球赤道的周长）的各地相连，然而科技的发展使工作的精细程度，要以毫米来计算。

日常生活、互联网和设计，能给我们带来不同的感觉，可以作为我们构思设计的源泉。走路这类运动带来了身体的实感，网络扩大了身体的感受范围，而精细的平面设计则缩小了身体的感知范围。

■ 以前使用的地图册成为回忆的记录

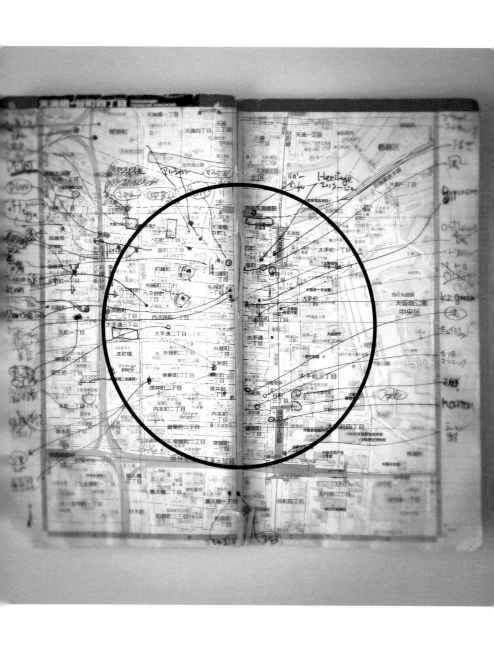

211

通常，我们都是从自己的视角来认识世界的。那么反过来，试着从世界的角度审视自己吧。改变对世界的看法，就会改变看待世界的方式。不再以自己所处的国家来看地图，而是把视角放宽，来看整个地球吧。主观视角和客观视角是可以进行转换的。

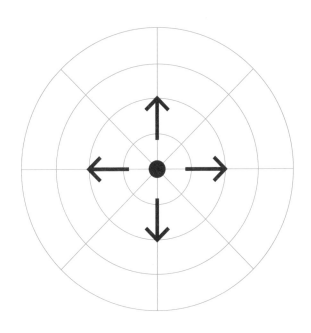

看世界的视角

- ◆ **视角的转换**：例如，把作品的上下颠倒，就能看到画面上需要调整的地方。转换视角可以使我们用新鲜的眼光来评价现有作品
- ■ 左页图是以日本为中心的地图；右页图是地球另一侧的地图，让我们从客观的角度看世界（等距方位投影法）

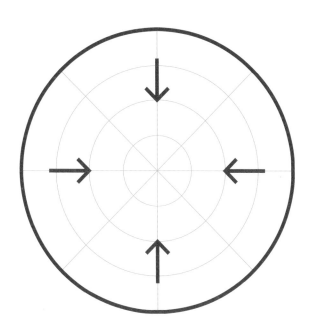

从世界看的视角

发现设计

帅气的Logo不一定受欢迎

品牌和产品以及服务同样重要。奔驰公司、苹果公司、耐克公司的 Logo 的共同点是消费者在使用时，因为明显的 Logo 而彰显身份。

曾经，有一个朋友委托我为乐器制作 Logo，他说："要是把吉他品牌 Fender 的 Logo 印在指板上，那该有多酷啊！"听完这句话，在我脑海中音乐和设计相遇了。光看 Fender 的 Logo，是很普通的手写风格英文字体，因为位置的不同会带来全新的感觉。令人费解的是，往往独具风格的帅气的 Logo 不一定受欢迎。

◆ 品牌名和 Logo 是将生产者和消费者共同的价值观可视化的产物。使用的场景和产品直接决定了 Logo 是否美观

■ **Fender**：Fender 与 Gibson 是电吉他的两大品牌

发现设计

素描、文字、计算机和手写

打印的废纸，我经常不舍得扔，它们会再次被我手写的笔记填满。有时，我还会用计算机整理好素材，然后拿笔在笔记本上记录下来。最近，我在手写和计算机之间徘徊，没有固定的记录方式。

尽管用计算机记录十分便利，但是笔记中可以留有思考的痕迹，看着会很开心。从写在纸上的文字中能回忆起当时的思考过程。

差出人: shinn shinn@shinn.co.jp
件名: Re: DAS60周年記念展セミナースケジュール
日付: 2016年07月21日 20:22
宛先: 嶋高弘 007shima@kbd.biglobe.ne.jp

2016 02 超学校シリーズ「グラフィックデザイナーのアタマのなか」CAFE Lab. グランフロント・ナレッジキャピタル 美しく伝えるデザイン。～グラフィックデザイナ

2014 05 メビック扇町／クリエイティブサロン「アタマに届ける理解のデザインと、ココロに届ける印象のデザイン」

2014 01 モリサワ文字文化フォーラム「やわらかいタイポグラフィ／モリサワ本社大ホール（大阪）

グラフィックデザイナーの視点で、情報と印象をアタマとココロに届けるデザインのお話をします。
美しくコミュニケーションする。
情報と印象を美しく伝える。
●情報と印象のコミュニケーション。
伝えるデザイン。伝わるデザイン。
アタマとココロに伝えるデザイン
デザイナー、うそつかない。コミュニケーションをデザインする科
アート、デザイン、サイエンス
美しく伝える。情報と印象のデザイ
コミュニケーションをデザインする
印象の構造。
気づく、感じる。伝えるデザイ

グラフィックデザイナーの視点で、伝えるデザインの方法論を考えます。
グラフィックデザイナーの視点で、美しく伝えるための方法論を考えます。
グラフィックデザイナーの視点で、アタマとココロに届けるデザインのお話をします。
グラフィックデザイナーの視点で、理解 印象
グラフィックデザイナーの視点で、正しいデザインを考えます。

文字
印象
条件
伝えるデザインを考えます。

2016.07.21 15:16、嶋デザイン事務所 <007shima@kbd.biglobe.ne.jp>のメ

嵜崎真之助さま

いつもお世話になっております。
嶋デザイン事務所の柳武と申します。

先ほど嶋からご連絡させていただいた
セミナースケジュールを送付いたします。

ご確認よろしくお願いいたします。

嶋デザイン事務所担当　柳武

株式会社 嶋デザイン事務所
〒550-0003　大阪市西区京町堀1-11-7　京旺ビル3階
TEL.06-6441-0000／FAX.06-6446-0000
E-mail. 007shima@kbd.biglobe.ne.jp
http://www.1a.biglobe.ne.jp/shima-d

新セミナースケジュール.pptx

首先，画和写

为创意画草图不分对错，不打分数。不要考虑自己画得是否完美，我们要做的是在无数的小小创意中，寻找一个可能会成为这个平面设计的骨架。草图如同宇宙，包含了无限可能。

真实的设计

未来的设计

简明的设计

设计的"左手定则"

拇指
是否是能够表现本质？

食指
是否有进步？有没有新的尝试？

中指
是否具有简洁的信息结构？

这是我的工作室对于设计作品的三条自查原则。

◆ **设计的左手定则**：确定几个关键词，分配到 3 至 5 根手指，将其固定为工作的指导原则。如果你是左利手，那么就可以变为右手定则

■ **左手定则**：将左手的食指、中指和拇指伸直，使其在空间内相互垂直，用于判断磁场、电流和受力的方向

连接起来的K

这个购物袋来自一家百货商店，时隔18年重新装修，以新的形象出现在大众面前。日语中百货商店的首字母 K，用一笔向外不断延伸，表达了与越来越多的顾客连接的含义。

这个创意当时只是我在笔记的一角画的一个小小的草图，没想到后来竟成为这个设计项目的主角。所以，不要轻视任何一个创意，要把它和当时创作时的心情一起好好珍藏起来。

◆ 在寻找创意的阶段，可以通过将简短的关键词（句）不断扩展，明确设计的形象和方向

和梅有关

下图是一种梅子果酱的品牌包装。在构思时，我看着成熟的梅子，突然想到，"O"加上日语的"の"，多像梅花的样子啊？我在纸上简单画了画，发现还真是这样。于是，我把"野"改成片假名"の"，将这个梅子果酱命名为"金の梅"。

◆ **品牌的命名和文字**：人们对品牌的印象会因为文字和字体的不同，产生不一样的感觉。在设计时，要注意活用日语的平假名、片假名、汉字、英文字母的大小写

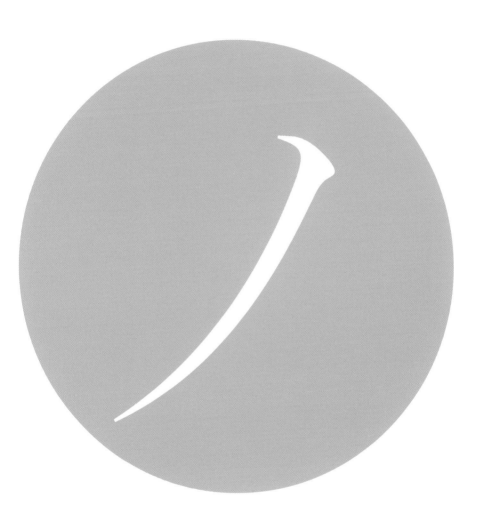

京都的美

这是我为京都市立美术馆重新命名设计的 Logo。京都适合低调、不张扬的设计。我试着把文字细的部分稍微切掉，这样一来，缝隙就会变成可以透光的缝隙，给人以沉静、柔和的感觉。

京都市京セラ美術館

◆ 设计的各个阶段

1. 尝试使用各种字体

2. 尝试各种各样的间距

3. 将所选设计精细化

4. 确定结构

5. 制定设计指南

■ **模块**：设计系统的基本构造

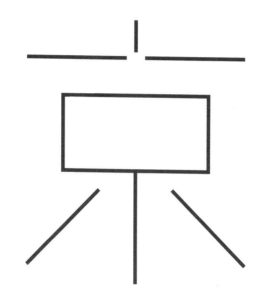

京　京　京

P字形的门

这是我为一家字体授权公司设计的品牌Logo。首字母"P"是通向字体的大门。

利用反白的"P",作为整个Logo的吸睛之笔。

我设计的这部分Logo,可以和该品牌常用的Logo——MORISAWA一起使用。后者出自设计师龟仓雄策之手。我在对其形状进行分析的基础上,用稍细的字体创建了"PASSPORT",并加以对比组合。

◆ 设计完毕的微调决定了Logo的质量。通过调整底图的宽度,着重突出首字母"P",
让两个单词的Logo融为一体

中间和島嶼

大阪又被称为"水之城"。

流经大阪的河流的中心，有一个叫"中之岛"的狭长小岛。这是我以"中之岛"为主题设计的海报，从文字的形状入手，将图像与景观有机结合。

◆ 在淡蓝色矩形的中心加入一条垂直线，构成了"中"字。河流中间小岛的"岛"字
  中没有"山"字，所以省略后在上面加一个点。河流流过的岛的形状成了"岛"

总结 ｜ 平面设计的诀窍

原点、日常生活和工作的起点

契机与发现

接触了计算机，了解到设计的本质。
在日常生活的感悟中，找到设计的灵感。

- 为了直接接触设计而设计
- 纸和计算机，用原子和比特进行思考
- 设计的起点是兴趣和感悟
- 日常生活、互联网和设计，三种距离感共存
- 视角转换，从世界的角度看世界
- Logo和产品、服务同样重要

工作的本质

设计是向着目标，进行各种各样尝试的过程。

- 计算机输入和手写的积累
- 发挥草图的可能性，先画后思考
- 将达成目标作为法则
- 从草图和短句开始设计
- 把文字变成品牌的标志
- 把文字变成形状

结语

兴趣之门

随着时代的变化，平面设计能表达的意思越来越多，逐渐成为一个范围很广的词。从印刷到数字媒体，从名片到品牌宣传，设计的界限也变得模糊。仅从一点俯瞰全局、把握整体，几乎是不可能的事。

希望借助此书，可以帮大家打开设计的兴趣之门，走近设计的本质。考虑到"看到"与"理解"之间的距离，我在设计作品和图片之间，加入了一些简短的解释文字，以帮助大家理解。与此同时，我还把重要的词语用引号标注，帮助大家搜索关键词。另外，为了更详细地了解设计背后的故事，我还添加了"■ 想了解更多的信息"和"◆ 想提示的信息"，并在各章的最后将内容总结为"平面设计的诀窍"。

这本书仅是从我个人的角度阐述的设计理论和思考。所以，不像教科书那样客观全面，也不是严肃的科研成果展示。这是我工作多年的随笔，由我作为设计师的实感、经验和一些普通知识组成，希望大家能够从中或多或少有所收获。

点滴的积累

我花了大约 3 年的时间整理 A4 纸的笔记和草图、笔记本和计算机里的文档、偶尔的想法和感悟、思绪的片段，将其分成了 5 章，分别附上了相应的文字，最终形成了大家现在看到的这本书。

在第 1 章和第 2 章，我将重点放在了平面设计的中心——形状和视觉上；第 3 章，我将排版视为一种交流方式，从语言和字体设计的角度为大家拓宽设计思路；第 4 章，介绍了设计和思考方法以及学习的窍门；第 5 章，我用一些案例介绍了自己最早的设计作品和工作的过程。

本书的书名有两层意思。第一层是设计的出发点和对象都是由大脑产生的知觉和身体感觉；第二层意思是设计是通过思维的组织和身体的知识积累来表现的。设计是阅读理解后，用新的形式和语言进行重现的过程。本书的书名副标题想表达的是人们看到设计作品，能够通过感受和了解，更加直观地理解设计师想表达的意思。

从误解到理解

平面设计随着应用领域的扩大和效果的多样化，人们可能会发现越来越难以把握设计的本质了。因为我们周围到处都是被设计过的东西，所以会轻易地产生那种"我已经非常懂设计了"的错觉。观察设计作品，仅停留在表面，让我们难以更加深入地探寻设计的本质。

市场上有很多关于设计、设计思维、设计经营等题材的书籍，当然，也有很多面向初学者和学生的专业设计图书。尽管如此，从视觉角度介绍设计的原点和本质的书并不多见。

我在给学生上课的过程中，强烈地意识到有必要从原理上系统地介绍设计的本质。随着课业越来越多，对学生来说很容易失去理解设计原理的时间和机会。大家从互联网上凭借碎片化的信息，把握设计的全貌并非易事。

理解设计，就是消除对设计的误解。为此，有必要回到平面设计的核心——形状和文字的表现。设计是一个开放的领域，希望更多的人能够理解设计、享受设计带来的便捷和快乐。

鸣谢

这本书是我写的第一本书。在写作的时候,我只是从整理杂乱的项目和图像开始入手,脑海中谈不上有严密的整体规划。在向出版社编辑、设计师请教后,确定了用视觉书的形式来表现本书的内容。本书的编辑松村大辅老师耐心地提出了中肯的建议。在写作的漫长日子中,负责设计、图片排版和插图的王怡琴老师陪伴我做无数次的调整与修改。语言专家杉崎史穗老师在书稿的最后阶段帮助我修改了一些内容。在此我向允许我刊登作品的客户、代理公司、制作公司、学生、朋友们表达由衷的感谢。

杉崎真之助

本书出现的作品

1 形状和身体

P23 形状影响身体的感觉

饮食店的经营公司，用于品牌推广的插图，RETOWN，2014

AD：杉崎真之助；D：王怡琴、藤田美理；C：杉崎史穂

P24 设计的原型

电影《2001太空漫游》，1968年，导演、编剧：斯坦利·库布里克

编剧：亚瑟·C·克拉克；照片提供：公益财团法人川喜多纪念电影文化财团

2 看见设计

P82 构成脸的三个点

展览的图形"里子的世界"，展示：シェ·ドゥーヴル，2008

CD：川井ミカコ；AD：杉崎真之助，D：王怡琴

P86 像不像鱼

VI 媒体制作公司的平面媒体鱼，2006

CD：首藤行敏；AD·D：杉崎真之助；D·I：冈本亚美

P94 不使用地图的世界地图

世界人口的柱状图，展示：平和紙業ペーパーボイス，2006

世界人口"的全球化，展示：インターメディウム研究所，2003

D：杉崎真之助

P96 一边品尝美味的咖啡，一边思考全球变暖

海、陆、冰，原创杯碟组合，展示：クリエーションギャラリー G8，2007

D：杉崎真之助

3 用文字来表达

P117 对话框中的文字

antic 字体宣传单（局部）MORISAWA FONT，2003

AD：杉崎真之助；D：奥野千明、铃木信辅；C：杉崎史穂；CL：森泽

P126 用毛笔书写

杉崎真之助字体工作坊，中国美术学院设计艺术学院，2010

指导：俞佳迪、杉崎真之助

P138 文字的面貌

Zero Face 零的海报展，展示：大阪市立美术馆，2016

D：杉崎真之助

P154 字体的选择要从三个角度考虑

范例文本 Letter shapes our words，翻译：Duncan Brotherton，日本文字设计年鉴，2015

4 设计和大脑

P184 一条线绘成的复杂画面

大阪艺术大学设计系学生作品：山佳悠里子（反转刊登），指导：杉崎真之助，2015

P194 成长的阶梯

TED Talks "Great design is serious, not solemn" 中使用的"事业的阶梯"（The Career Staircase），2008

5 发现设计

P222 连接起来的 K

近铁百货商店购物袋，2013

CD：加藤温子；AD：杉崎真之助；D·I：王怡琴；PR：妙中聪之、喜多郁惠；C：杉崎史穂

AGE：大广

P224 和梅有关

品牌名称及标志，金ノ梅，新珠食品，2013

AD：杉崎真之助；D：王怡琴；C：杉崎史穂

P226　京都的美

更新后的美术馆标志，京都市京瓷美术馆，2019

CD：碓井智；AD：杉崎真之助、中元秀幸；D：王怡琴、松村悠里；C：碓井智、杉崎史穂、矢野多惠

AE：増田修治；CL：京瓷；AGE：电通关西支社；PRD：电通 creative X 关西支社、真之助设计

P228　P 字形的门

字体授权的品牌标志 "MORISAWA PASSPORT"，2005

AD：杉崎真之助；D：铃木信辅；C：杉崎史穂；CL：森泽

P230　中间和岛屿

设计的活动 "中之岛 flatz" 中之岛设计美术空间，de sign de >，2011

PR：野井成正、松原真由美；D：杉崎真之助

说明

CD：创意总监；AD：艺术总监；D：设计师；C：广告文案撰稿人；I：插画家

AE：客户经理；PR：制作人；CL：客户；AGE：代理商；PRD：制作公司

参考文献

1　形状和身体

『カンディンスキー著作集 2　点・線・面　抽象芸術の基礎』カンディンスキー著　西田秀穂訳　美術出版社

『ベーシック・デザイン』馬場雄二著　ダヴィッド社

『かたちの不思議　1―正方形、2―円形、3―三角形』ブルーノ・ムナーリ著　阿部雅世訳　平凡社

『黄金分割―ピラミッドからル・コルビュジェまで』柳亮著　美術出版社

『美の構成学―バウハウスからフラクタルまで』三井秀樹著　中央公論新社

2　看见设计

『デザイン、新・100 の法則』William Lidwell、Kritina Holden、Jill Butler 著　小竹由加里訳　ビー・エヌ・エヌ新社

『デザイン学―思索のコンステレーション』向井周太郎著　武蔵野美術大学出版局

『色彩論』ヨハネス・イッテン著　大智浩訳　美術出版社

3　用文字来表达

『人間と文字』矢島文夫監修　田中一光制作　平凡社

『欧文書体―その背景と使い方』小林章著　美術出版社

『ヴィネット 10』グループ昂著　朗文堂

『ヴィネット 1』木村雅彦著　朗文堂

『日本語の考古学』今野真二著　岩波書店

『日本語の歴史』山口仲美著　岩波書店

4　设计和头脑

『思考の整理学』外山滋比古著　筑摩書房

『ザ・マインドマップ』トニー・ブザン著　神田昌典訳　ダイヤモンド社

『それは「情報」ではない。』リチャード・S・ワーマン著　金井哲夫訳　エムディエヌコーポレーション

杉崎真之助
Shinnoske Sugisaki

平面设计师

将设计视为信息的设计和印象的设计。
致力于传递明快、高品质的设计作品。
保持一贯的设计理念，作品涵盖从与文化相关到企业品牌信息设计、空间绘图等，多个领域。
乐于尝试新的设计，在日本和海外举办过很多次展览和讲座。
真之助设计公司的经营者、大阪艺术大学教授、AGI会员。

instagram@shinnoske
twitter@shinnoske_s
www.shinn.co.jp